概率不等式

林正炎　白志东　编著

科学出版社

北京

内 容 简 介

在数学科学的几乎所有的分支中，不等式常常起着重要的甚至是关键的作用。本书搜集整理了概率论中一批常用的基本不等式，并对其中的绝大多数不等式给出了证明。除了一些熟知的不等式以外，书中对某些不等式还提供了相关的参考文献。

本书可供概率统计和相关学科的研究人员、教师和研究生参考、查阅。

图书在版编目(CIP)数据

概率不等式/林正炎，白志东编著. —北京：科学出版社，2006
ISBN 978-7-03-017421-5

I. 概… II.①林… ②白… III. 概率论–不等式 IV. O21

中国版本图书馆 CIP 数据核字(2006)第 061736 号

责任编辑：吕 虹 赵彦超/责任校对：张 琪
责任印制：赵 博/封面设计：王 浩

科 学 出 版 社 出版
北京东黄城根北街 16 号
邮政编码：100717
http://www.sciencep.com
固安县铭成印刷有限公司印刷
科学出版社发行 各地新华书店经销
*
2006 年 7 月第 一 版 开本：B5 (720×1000)
2024 年 4 月第六次印刷 印张：11 1/4
字数：212 000
定价：48.00 元

前 言

在数学科学的几乎所有的分支中，不等式常常起着重要的甚至是关键的作用. 在很多场合，它的重要性甚至超过等式. 对概率统计学科而言，情况也是如此. 在该学科的论文和著作中，一些基本的概率不等式频繁地出现并被利用. 选取和(或)创建有效的概率不等式常常是解决问题的关键步骤.

对于概率统计的研究人员和教学人员，特别是对那些涉足该领域时间不长的人来说，选择一个合适的概率不等式(最好能知道它的出处或给出它的证明的文献)是十分重要的. 据作者所知，目前还没有一本较完整地介绍基本的概率不等式的著作，本书的目的就在于提供这样的一份资料. 书中收集整理了概率论中一批常用的基本不等式，并对其中的绝大多数不等式给出了证明. 除了一些熟知的不等式以外，书中还对某些不等式提供了相关的参考文献.

限于作者的知识范围以及对词语"常用的基本的"理解，肯定有不少重要的、也属于"常用的基本的"范围的不等式没有被收集进来，此外也难免有错误或疏忽之处，恳望读者不吝指教. 如果本书有幸再版，作者将进行必要的修改增删，特别是增加一些被遗漏的常用的基本不等式.

在本书的写作和出版过程中，严加安院士和陈木法院士给予了大力的支持；邵启满教授、张立新教授对书稿提出了许多有益的建议；庞天晓博士和博士生李德柜做了大量的校订和录入工作，在此一并表示衷心感谢. 另外，还要特别感谢吕虹编审对本书的最终出版所做的努力和国家自然科学基金(10571159)的资助.

在本书完稿之际，传来了我们敬爱的陈希孺院士逝世的噩耗，这是中国概率统计界的巨大损失. 谨以本书敬献给我们最尊敬的陈希孺老师.

林正炎　白志东

2005 年 10 月

目　录

目 录

1. 有关事件的概率的初等不等式

令 Ω 为一基本事件空间, $\mathcal{F}$ 为 Ω 的子集生成的 σ 代数, P 为定义在 $\mathcal{F}$ 上的概率测度. $(\Omega, \mathcal{F}, P)$ 称为概率空间. 我们用 $A_1, A_2, \cdots$ 或者 $A, B, \cdots$ 表示 $\mathcal{F}$ 中的事件. $A \bigcup B$、AB (或 $A \bigcap B$)、$A - B$ 与 $A \triangle B$ 分别表示事件 A 和 B 的并、交、差和对称差. A^c 表示 A 的补事件, ϕ 表示不可能事件.

1.1 (进出公式)

令 $A_1, A_2, \cdots, A_n$ 为 n 个事件, 则

$$
P\left(\bigcup_{i=1}^{n} A_i\right) = \sum_{i=1}^{n} P(A_i) - \sum_{1 \leqslant i < j \leqslant n} P(A_i A_j) + \cdots
$$

$$
+ (-1)^{k-1} \sum_{1 \leqslant i_1 < \cdots < i_k \leqslant n} P(A_{i_1} \cdots A_{i_k})
$$

$$
+ \cdots + (-1)^{n-1} P(A_1 \cdots A_n).
$$

证明 如果 $n = 2$, 显然有

$$
P(A_1 \bigcup A_2) = P(A_1) + P(A_2 - A_1 A_2) = P(A_1) + P(A_2) - P(A_1 A_2). \quad (1)
$$

假设对某个 n 公式成立, 我们要证明对 $n + 1$ 公式也成立. 实际上由 (1) 和归纳假设, 有

$$
P\left(\bigcup_{i=1}^{n+1} A_i\right) = P\left(\bigcup_{i=1}^{n} A_i\right) + P(A_{n+1}) - P\left(\bigcup_{i=1}^{n} A_i A_{n+1}\right)
$$

$$
= \sum_{i=1}^{n+1} P(A_i) - \sum_{1 \leqslant i < j \leqslant n} P(A_i A_j) + \cdots + (-1)^{n-1} P(A_1 \cdots A_n)
$$

$$-\left\{\sum_{i=1}^{n}P(A_iA_{n+1})-\sum_{1\leqslant i<j\leqslant n}P(A_iA_jA_{n+1})\right.$$

$$\left.+\cdots+(-1)^{n-1}P(A_1\cdots A_nA_{n+1})\right\}$$

$$=\sum_{i=1}^{n+1}P(A_i)-\sum_{1\leqslant i<j\leqslant n+1}P(A_iA_j)+\cdots+(-1)^nP(A_1\cdots A_{n+1}).$$

1.2 (进出公式的特例)

1.2a 如果 $A_1,\cdots,A_n$ 是可交换的, 则

$$P\left(\bigcup_{i=1}^{n}A_i\right)=\sum_{i=1}^{n}(-1)^{i-1}\binom{n}{i}P(A_1,\cdots,A_i).$$

注 如果对于满足 $1\leqslant i_1<\cdots<i_j\leqslant n$ 的所有取法和一切 $1\leqslant j\leqslant n$, 有 $P(A_{i_1}A_{i_2}\cdots A_{i_j})=p_j$ 成立, 则称 $A_1,\cdots,A_n$ 是可交换的.

1.2b 如果 $A_1,\cdots,A_n$ 是独立的且 $P(A_i)=p$, 则

$$P\left(\bigcup_{i=1}^{n}A_i\right)=\sum_{i=1}^{n}(-1)^{i-1}\binom{n}{i}p^i.$$

1.3 (下列不等式是进出公式的推论)

1.3a $\sum_{i=1}^{n}P(A_i)-\sum_{1\leqslant i<j\leqslant n}P(A_iA_j)\leqslant P\left(\bigcup_{i=1}^{n}A_i\right)\leqslant\sum_{i=1}^{n}P(A_i).$

注 上式右边的不等式可改进为

$$P\left(\bigcup_{i=1}^{n}A_i\right)\leqslant\sum_{i=1}^{n}P(A_i)-\sum_{i=2}^{n}P(A_1A_i).$$

证明 $n=2$ 时, 结论是显然的. 假设对某个 n 不等式成立, 则

$$P\left(\bigcup_{i=1}^{n+1}A_i\right)=P\left(\bigcup_{i=1}^{n}A_i\right)+P(A_{n+1})-P\left(\left(\bigcup_{i=1}^{n}A_i\right)\bigcap A_{n+1}\right)$$

$$\leqslant\sum_{i=1}^{n}P(A_i)-\sum_{i=2}^{n}P(A_1A_i)+P(A_{n+1})-P(A_1A_{n+1}).$$

1.3b $|P(AB) - P(A)P(B)| \leqslant \frac{1}{4}$.

证明

$$|P(AB) - P(A)P(B)| = |P(A)P(AB) + P(A^c)P(AB) - P(A)P(AB)$$
$$- P(A)P(A^cB)|$$
$$= |P(A^c)P(AB) - P(A)P(A^cB)|.$$

因为 A^c 和 AB 是不相交的, $P(A^c)P(AB) \leqslant 1/4$ (注意到 $\max\limits_{0 < p < 1} p(1-p) = 1/4$). 同理, $P(A)P(A^cB) \leqslant 1/4$. 结合这两个不等式即得待证之结论.

1.3c $|P(A) - P(B)| \leqslant P(A \triangle B)$ $(A \triangle B = (A - B) \bigcup (B - A))$

证明   由 1.3a,

$$P(A \triangle B) \geqslant P(A - B) \geqslant P(A) - P(AB) \geqslant P(A) - P(B).$$

由 A 和 B 的对称性, 1.3c 成立.

1.3d(Boole 不等式) $P(AB) \geqslant 1 - P(A^c) - P(B^c)$.

证明 $P(AB) + P(B^c) \geqslant P(A) = 1 - P(A^c)$.

1.3e   令 $\limsup\limits_{n \to \infty} A_n = \bigcap_{N=1}^{\infty} \bigcup_{n=N}^{\infty} A_n, \liminf\limits_{n \to \infty} A_n = \bigcup_{N=1}^{\infty} \bigcap_{n=N}^{\infty} A_n$. 则

$$P(\liminf_{n \to \infty} A_n) \leqslant \liminf_{n \to \infty} P(A_n) \leqslant \limsup_{n \to \infty} P(A_n)$$
$$\leqslant P(\limsup_{n \to \infty} A_n) \leqslant \lim_{N \to \infty} \sum_{n=N}^{\infty} P(A_n).$$

证明   对于整数 N, 我们有

$$\bigcap_{n=N}^{\infty} A_n \subset A_N \subset \bigcup_{n=N}^{\infty} A_n,$$

由此推出

$$P\left(\bigcap_{n=N}^{\infty} A_n\right) \leqslant P(A_N) \leqslant P\left(\bigcup_{n=N}^{\infty} A_n\right) \leqslant \sum_{n=N}^{\infty} P(A_n).$$

令 $N \to \infty$, 即可得待证的不等式.

1.3f   对于 $0 < \varepsilon < \frac{1}{2}$, 如果 $P(A) \geqslant 1 - \varepsilon, P(B) \geqslant 1 - \varepsilon$ 成立, 则 $P(AB) \geqslant 1 - 2\varepsilon$.

证明 $P(AB) = P(A) + P(B) - P(A \bigcup B) \geqslant 1 - 2\varepsilon$.

1.3g(Bonferroni 不等式) 令 $P_{[m]}(P_m)$ 为 $A_1, \cdots, A_n$ 中恰好 (至少) 有 m 个事件同时发生的概率. 记

$$S_m = \sum_{1 \leqslant i_1 < \cdots < i_m \leqslant n} P(A_{i_1} \cdots A_{i_m}).$$

则

$$S_m - (m+1)S_{m+1} \leqslant P_{[m]} \leqslant S_m, \qquad S_m - mS_{m+1} \leqslant P_m \leqslant S_m.$$

证明 由下面的等式可以推得待证的不等式:

$$P_{[m]} = S_m - \binom{m+1}{m}S_{m+1} + \binom{m+2}{m}S_{m+2} + \cdots + (-1)^{n-m}\binom{n}{m}S_n,$$

$$P_m = S_m - \binom{m}{m-1}S_{m+1} + \binom{m+1}{m-1}S_{m+2} + \cdots + (-1)^{n-m}\binom{n-1}{m-1}S_n,$$

$$S_m = \sum_{i=m}^{n}\binom{i}{m}P_{[i]} \quad \text{和} \quad S_m = \sum_{i=m}^{n}\binom{i-1}{m-1}P_i.$$

根据定义, 我们有

$$P_{[i]} = \sum_{F \in \mathcal{F}_i} P\left(\bigcap_{j \in F} A_j \bigcap_{\ell \in F^c} A_\ell^c\right),$$

其中 $\mathcal{F}_i$ 是集合 $\{1, 2, \cdots, n\}$ 中所有 i 个元素的子集的全体. 注意到对每个 $\tilde{F} \in \mathcal{F}_m$, 对所有的 $i \geqslant m$, $F \in \mathcal{F}_i$ 且 $F \subset \tilde{F}$, 集合 $\bigcap_{t \in \tilde{F}} A_t$ 可以写成不相交子集 $\bigcap_{j \in F} A_j \bigcap_{\ell \in F^c} A_\ell^c$ 的并. 这就证明了

$$S_m = \sum_{i=m}^{n}\binom{i}{m}P_{[i]}.$$

注意到 $P_{[i]} = P_i - P_{i+1}$, 由上式可知 $S_m = \sum_{i=m}^{n}\binom{i-1}{m-1}P_i$.

把 S_m 用 $P_{[i]}$ 表示成的表达式代入第一个等式的右边, 我们可以得到

$$S_m - \binom{m+1}{m}S_{m+1} + \binom{m+2}{m}S_{m+2} + \cdots + (-1)^{n-m}\binom{n}{m}S_n$$

$$= \sum_{j=m}^{n} (-1)^{j-m} \binom{j}{m} \sum_{i=j}^{n} \binom{i}{j} P_{[i]}$$

$$= \sum_{i=m}^{n} \binom{i}{m} P_{[i]} \sum_{j=m}^{i} \binom{i-m}{j-m} (-1)^{j-m} = P_{[m]}.$$

用同样的方法, 我们可以证明第二个等式.

1.4 (关于对称差的不等式)

1.4a $P\{(\bigcup_n A_n) \triangle (\bigcup_n B_n)\} \leqslant P\{\bigcup_n (A_n \triangle B_n)\} \leqslant \sum_n P(A_n \triangle B_n).$

证明 根据对称差的定义, 左边的不等式可以由 $(\bigcup_n A_n) \triangle (\bigcup_n B_n) \subset$ $\bigcup_n (A_n \triangle B_n)$ 得到, 右边的不等式可从 1.3a 推得.

1.4b $P\{(A_1 - A_2) \triangle (B_1 - B_2)\} \leqslant P(A_1 \triangle B_1) + P(A_2 \triangle B_2).$

证明 不等式由 $(A_1 - A_2) \triangle (B_1 - B_2) \subset (A_1 \triangle B_1) \bigcup (A_2 \triangle B_2)$ 得到.

1.5 (关于独立事件的不等式)

1.5a 令 $\{A_n\}$ 为一列相互独立的事件序列, 那么

$$1 - P\left(\bigcup_{k=1}^{n} A_k\right) \leqslant \exp\left\{-\sum_{k=1}^{n} P(A_k)\right\},$$

$$1 - P\left(\bigcup_{k=1}^{\infty} A_k\right) \leqslant \lim_{n \to \infty} \exp\left\{-\sum_{k=1}^{n} P(A_k)\right\}.$$

证明 对等式

$$1 - P\left(\bigcup_{k=1}^{n} A_k\right) = P\left(\bigcap_{k=1}^{n} \overline{A_k}\right) = \prod_{k=1}^{n} (1 - P(A_k))$$

的右边应用不等式 $1 - x \leqslant e^{-x}$, 即可得所要的结论.

注 在证明 Borel-Cantelli 引理的时候这个不等式是很有用的.

1.5b 假设 A 和 B 独立, $AB \subset D$ 且 $A^c B^c \subset D^c$. 则 $P(AD) \geqslant$ $P(A)P(D).$

证明

$$P(AD) = P(ADB) + P(ADB^c) = P(AB) + P(AB^c) - P(AD^c B^c)$$

$$= P(A)P(B) + P(AB^c) - P(D^cB^c) + P(A^cD^cB^c)$$
$$= P(A)P(B) + P(AB^c) - P(D^cB^c) + P(A^cB^c)$$
$$= P(A)P(B) + P(B^c) - P(D^cB^c)$$
$$\geqslant P(A)P(BD) + P(A)P(B^cD) = P(A)P(D).$$

1.5c(Feller-Chung)   令 $A_0 = \phi$, $\{A_n\}$ 和 $\{B_n\}$ 为两个事件序列. 假设:

(i) 对所有的 $n \geqslant 1$, B_n 和 $A_n A_{n-1}^c \cdots A_0^c$ 独立; 或者

(ii) 对所有的 $n \geqslant 1$, B_n 和 $\{A_n, A_n A_{n+1}^c, A_n A_{n+1}^c A_{n+2}^c, \cdots\}$ 独立.

则

$$P\left(\bigcup_{n=1}^{\infty} A_n B_n\right) \geqslant \inf_{n \geqslant 1} P(B_n) P\left(\bigcup_{n=1}^{\infty} A_n\right).$$

证明   如果 (i) 成立, 则

$$P\left\{\bigcup_{n=1}^{\infty} A_n B_n\right\} \geqslant P\left\{\bigcup_{n=1}^{\infty} B_n A_n \bigcap_{j=0}^{n-1} (B_j A_j)^c\right\} = \sum_{n=1}^{\infty} P\left\{B_n A_n \bigcap_{j=0}^{n-1} (B_j A_j)^c\right\}$$

$$\geqslant \sum_{n=1}^{\infty} P\left\{B_n A_n \bigcap_{j=0}^{n-1} A_j^c\right\} = \sum_{n=1}^{\infty} P(B_n) P\left\{A_n \bigcap_{j=0}^{n-1} A_j^c\right\}$$

$$\geqslant \inf_{n \geqslant 1} P(B_n) P\left(\bigcup_{n=1}^{\infty} A_n\right);$$

如果 (ii) 成立, 则

$$P\left\{\bigcup_{j=1}^{n} A_j B_j\right\} \geqslant \sum_{j=1}^{n} P\left\{A_j B_j \bigcap_{i=j+1}^{n} (A_i B_i)^c\right\} \geqslant \sum_{j=1}^{n} P\left\{A_j B_j \bigcap_{i=j+1}^{n} A_i^c\right\}$$

$$= \sum_{j=1}^{n} P(B_j) P\left\{A_j \bigcap_{i=j+1}^{n} A_i^c\right\} \geqslant \inf_{1 \leqslant j \leqslant n} P(B_j) P\left\{\bigcup_{j=1}^{n} A_j\right\}.$$

1.6 (Chung-Erdös)

$$P\left(\bigcup_{i=1}^{n} A_i\right) \geqslant \left(\sum_{i=1}^{n} P(A_i)\right)^2 \bigg/ \left\{\sum_{i=1}^{n} P(A_i) + 2 \sum_{1 \leqslant i < j \leqslant n} P(A_i A_j)\right\}.$$

证明 定义随机变量 $X_k(\omega), \omega \in \Omega$:

$$X_i(\omega) = \begin{cases} 0, & \text{若} \quad \omega \notin A_i, \\ 1, & \text{若} \quad \omega \in A_i. \end{cases}$$

则

$$2 \sum_{1 \leqslant i < j \leqslant n} P(A_i A_j) = E(X_1 + \cdots + X_n)^2 - E(X_1^2 + \cdots + X_n^2).$$

由 Cauchy-Schwarz 不等式 (见 8.4b), 得

$$(E(X_1 + \cdots + X_n))^2 \leqslant P(X_1 + \cdots + X_n > 0)E(X_1 + \cdots + X_n)^2.$$

根据定义, 又有 $EX_i = EX_i^2 = P(A_i), P(X_1 + \cdots + X_n > 0) = P(\bigcup_{i=1}^n A_i)$. 结合上面这些关系式即得证不等式.

$2.$ 关于常用分布的不等式

令 ξ 为随机变量 (r.v.). 定义它的分布函数 (d.f.) 为 $F(x) = P(\xi < x)$. 如果 $F(x)$ 的导数存在, 我们定义 ξ 的概率密度函数 (p.d.f.) 为 $p(x) = F'(x)$.

$$\Phi(x) = \frac{1}{\sqrt{2\pi}} \int_{-\infty}^{x} e^{-t^2/2} dt, \qquad \varphi(x) = \frac{1}{\sqrt{2\pi}} e^{-x^2/2}$$

分别为标准正态 r.v. 的 d.f. 和 p.d.f.;

$$b(k;n,p) = \binom{n}{k} p^k q^{n-k}, \quad k = 0, 1, \cdots, n, \quad 0 < p < 1, \quad q = 1 - p$$

为参数为 n 和 p 的二项分布;

$$p(k;\lambda) = \frac{\lambda^k e^{-\lambda}}{k!}, \qquad k = 0, 1, \cdots, \quad \lambda > 0,$$

为参数为 λ 的 Poisson 分布.

2.1 (关于正态分布的不等式)

2.1a $\frac{1}{\sqrt{2\pi}}(b-a)\exp\{-(a^2 \vee b^2)/2\} \leqslant \Phi(b) - \Phi(a) \leqslant \frac{1}{\sqrt{2\pi}}(b-a)$ $(-\infty < a < b < \infty)$.

证明 注意到当 $x \in [a,b]$ 时, $\exp\{-(a^2 \vee b^2)/2\} < e^{-x^2/2} < 1$.

2.1b 对所有的 $x > 0$,

$$\left(\frac{1}{x} - \frac{1}{x^3}\right)\varphi(x) < \frac{x}{1+x^2}\varphi(x) < 1 - \Phi(x) < \frac{1}{x}\varphi(x).$$

证明 右边的不等式可以从下面的等式得到. 对所有的 $x > 0$,

$$\int_x^\infty e^{-t^2/2} dt = \frac{1}{x} e^{-x^2/2} - \int_x^\infty \frac{1}{t^2} e^{-t^2/2} dt.$$

左边的不等式是初等的. 中间的不等式可以用下面的方法证得. 对所有的 $x > 0$,

$$\frac{1}{x^2}\int_x^\infty e^{-t^2/2}dt > \int_x^\infty \frac{1}{t^2}e^{-t^2/2}dt = \frac{1}{x}e^{-x^2/2} - \int_x^\infty e^{-t^2/2}dt.$$

因此

$$\frac{1}{x}e^{-x^2/2} < \left(1 + \frac{1}{x^2}\right)\int_x^\infty e^{-t^2/2}dt,$$

由此即得所要证的结论.

2.1c 对所有的实数 $x, 1 - \Phi(x) \geqslant \frac{1}{2}(\sqrt{x^2+4}-x)\varphi(x)$; 对所有的 $x > -1, 1 - \Phi(x) \leqslant \frac{4}{3x+\sqrt{x^2+8}}\varphi(x)$.

证明 利用 Cauchy-Schwarz 不等式 (见 8.4b), 我们可知

$$(e^{-x^2/2})^2 = \left(\int_x^\infty te^{-t^2/2}dt\right)^2 \leqslant \left(\int_x^\infty t^2e^{-t^2/2}dt\right)\left(\int_x^\infty e^{-t^2/2}dt\right)$$

$$= \left(xe^{-x^2/2} + \int_x^\infty e^{-t^2/2}dt\right)\int_x^\infty e^{-t^2/2}dt,$$

由此可得第一个不等式. 令

$$\nu_x = e^{-x^2/2}\Big/\int_x^\infty e^{-t^2/2}dt \quad \text{和} \quad \varphi_x = (\nu_x - x)(2\nu_x - x).$$

对 $x > 0$ 使用三次分部积分, 得到

$$\int_x^\infty e^{-t^2/2}dt = \frac{1}{x}\left(1 - \frac{1}{x^2} + \frac{3}{x^4} - \frac{15}{x^6} + o\left(\frac{1}{x^6}\right)\right)e^{-x^2/2}.$$

由此可得

$$\nu_x = x\left(1 - \frac{1}{x^2} + \frac{3}{x^4} - \frac{15}{x^6} + o\left(\frac{1}{x^6}\right)\right)^{-1}$$

$$= x\left(1 + \frac{1}{x^2} - \frac{2}{x^4} + \frac{10}{x^6} + o\left(\frac{1}{x^6}\right)\right), \text{ 当 } x \to \infty \text{时}.$$

因此, 对于充分大的 x,

$$\varphi_x = \left(1 - \frac{2}{x^2} + \frac{10}{x^4} + o(x^{-4})\right)\left(1 + \frac{2}{x^2} - \frac{4}{x^4} + o(x^{-4})\right) = 1 + \frac{2}{x^4} + o(x^{-4}) > 1.$$

我们接下来证明 $\varphi_x > 1$ 对于所有的 x 成立. 否则, 由连续性, 存在一个 x_0 使得

$$\varphi_{x_0} = 1, \qquad \varphi'_{x_0} \geqslant 0.$$

但

$$
\begin{aligned}
\varphi'_{x_0} &= (\nu'_{x_0} - 1)(2\nu_{x_0} - x_0) + (\nu_{x_0} - x_0)(2\nu'_{x_0} - 1) \\
&= \nu_{x_0}(\varphi_{x_0} - 1) + 2(\nu_{x_0} - x_0)(\nu'_{x_0} - 1) \\
&= 2(\nu_{x_0} - x_0)(\nu'_{x_0} - 1),
\end{aligned}
$$

根据 2.1b 的右边, 可知对于所有的实数 x 有 $\nu_x - x > 0$ 成立. 根据假设 $1 = \varphi_{x_0} = 2\nu_{x_0}^2 - 3x_0\nu_{x_0} + x_0^2$, 我们有

$$\nu'_{x_0} - 1 = \nu_{x_0}^2 - x_0\nu_{x_0} - [2\nu_{x_0}^2 - 3x_0\nu_{x_0} + x_0^2] = -(x_0 - \nu_{x_0})^2 < 0,$$

由此推得 $\varphi'_{x_0} < 0$, 这和假设 $\varphi'_{x_0} \geqslant 0$ 矛盾. 因此, 对于有限值 x,

$$\varphi_x > 1.$$

考虑 ν_x 的二次方程形式, 可知对于所有的 x,

$$\nu_x > \frac{3x + \sqrt{x^2 + 8}}{4} \quad \text{或} \quad \nu_x < \frac{3x - \sqrt{x^2 + 8}}{4}.$$

显然上式中的第一个不等式对于所有的 $x \leqslant 0$ 都是成立的, 因为上式中的第二个不等式是不可能成立的. 由连续性, 我们可知第一个不等式对于所有的实数 x 都是成立的. 于是, 因为对所有的 $x > -1$, 有 $\frac{3x + \sqrt{x^2 + 8}}{4} > 0$ 成立, 可推得 2.1c 的第二个不等式成立.

2.1d $1 - \Phi(x) \sim \varphi(x)\{\frac{1}{x} - \frac{1}{x^3} + \frac{1 \cdot 3}{x^5} - \cdots + (-1)^k \frac{(2k-1)!!}{x^{2k+1}}\}$. 如果 k 是偶数且 $x > 0$, 那么这个等价式的右边高估了 $1 - \Phi(x)$ 的值; 如果 k 是奇数且 $x > 0$, 则这个等价式的右边低估了 $1 - \Phi(x)$ 的值.

证明 利用分部积分.

2.1e 令 (X, Y) 为正态随机向量, 其分布函数为

$$N\left(\begin{pmatrix} 0 \\ 0 \end{pmatrix}, \begin{pmatrix} 1 & r \\ r & 1 \end{pmatrix}\right).$$

如果 $0 \leqslant r < 1$, 那么对于任意的实数 a 和 b

$$(1 - \Phi(a))\left(1 - \Phi\left(\frac{b - ra}{\sqrt{1 - r^2}}\right)\right) \leqslant P(X > a, Y > b)$$

$$\leqslant (1 - \Phi(a))\left\{\left(1 - \Phi\left(\frac{b - ra}{\sqrt{1 - r^2}}\right)\right) + r\frac{\varphi(b)}{\varphi(a)}\left(1 - \Phi\left(\frac{a - rb}{\sqrt{1 - r^2}}\right)\right)\right\}.$$

如果 $-1 < r \leqslant 0$, 那么不等号反向.

证明 由分部积分可得

$$P(X > a, Y > b) = \int_a^\infty \varphi(x)\left(1 - \Phi\left(\frac{b - rx}{\sqrt{1 - r^2}}\right)\right)dx$$

$$= (1 - \Phi(a))\left(1 - \Phi\left(\frac{b - ra}{\sqrt{1 - r^2}}\right)\right)$$

$$+ \int_a^\infty (1 - \Phi(x))\varphi\left(\frac{b - rx}{\sqrt{1 - r^2}}\right)\frac{r}{\sqrt{1 - r^2}}dx.$$

假设 $0 \leqslant r < 1$, 则下界立即可得. 注意到 $(1 - \Phi(x))/\varphi(x)$ 是递减的, 因此

$$\int_a^\infty (1 - \Phi(x))\varphi\left(\frac{b - rx}{\sqrt{1 - r^2}}\right)\frac{dx}{\sqrt{1 - r^2}}$$

$$\leqslant \frac{1 - \Phi(a)}{\varphi(a)} \int_a^\infty \varphi(x)\varphi\left(\frac{b - rx}{\sqrt{1 - r^2}}\right)\frac{dx}{\sqrt{1 - r^2}}$$

$$= \frac{1 - \Phi(a)}{\varphi(a)} \int_a^\infty \varphi(b)\varphi\left(\frac{x - rb}{\sqrt{1 - r^2}}\right)\frac{dx}{\sqrt{1 - r^2}}$$

$$= (1 - \Phi(a))\frac{\varphi(b)}{\varphi(a)}\left(1 - \Phi\left(\frac{a - rb}{\sqrt{1 - r^2}}\right)\right),$$

上界得证. 对于 $-1 < r \leqslant 0$ 情形, 由同样的讨论可得不等号反向成立.

2.2 (Slepian 型不等式)

2.2a(Slepian 引理) 令 $(X_1, \cdots, X_n)$ 为一正态随机向量且 $EX_j = 0$, $EX_j^2 = 1, j = 1, \cdots, n$. 令 $\gamma_{kl} = EX_k X_l$ 且 $\gamma = (\gamma_{kl})$ 为协方差矩阵. 令 $I_x^{+1} = [x, \infty), I_x^{-1} = (-\infty, x)$ 且 $A_j = \{X_j \in I_{x_j}^{\varepsilon_j}\}$, 其中 ε_j 或者是 $+1$ 或者是 -1. 那么如果 $\varepsilon_k\varepsilon_l = 1$, 则 $P\{\bigcap_{j=1}^n A_j; \gamma\}$ 是 γ_{kl} 的递增函数; 否则是递减的.

证明 $(X_1,\cdots,X_n)$ 的密度函数可以由它的 c.f. 给出，

$$p(x_1,\cdots,x_n;\gamma)=(2\pi)^{-n}\int\cdots\int\exp\left\{\mathrm{i}\sum_{j=1}^{n}t_jx_j-\frac{1}{2}\sum_{k,l}\gamma_{kl}t_kt_l\right\}dt_1\cdots dt_n.\ \textcircled{1}$$

由此可得

$$\frac{\partial p}{\partial\gamma_{kl}}=\frac{\partial^2 p}{\partial x_k\partial x_l},\qquad 1\leqslant k<l\leqslant n.$$

因此我们可以把 p 看作是 $n(n-1)/2$ 个变量 $\gamma_{kl},k<l$ 的函数. 此外

$$P\left\{\bigcap_{j=1}^{n}A_j;\gamma\right\}=\int_{I_{x_1}^{\varepsilon_1}}\cdots\int_{I_{x_n}^{\varepsilon_n}}p(u_1,\cdots,u_n;\gamma)du_1\cdots du_n.$$

把它看成是 $\gamma_{kl},k<l$ 的函数，我们考察它关于 γ_{kl} 的偏导数. 例如，我们考虑 γ_{12}，并且假设积分区间是 $I_{x_1}^{+1}$ 和 $I_{x_2}^{+1}$. 我们得到

$$\frac{\partial P\left\{\bigcap_{j=1}^{n}A_j;\gamma\right\}}{\partial\gamma_{kl}}=\int_{I_{x_1}^{+1}}\int_{I_{x_2}^{+1}}\cdots\int_{I_{x_n}^{\varepsilon_n}}p(u_1,u_2,\cdots,u_n;\gamma)du_1du_2\cdots du_n$$

$$=\int_{I_{x_3}^{\varepsilon_3}}\cdots\int_{I_{x_n}^{\varepsilon_n}}p(x_1,x_2,u_3,\cdots,u_n;\gamma)du_3\cdots du_n\geqslant 0.$$

因此 $P\{\bigcap_{j=1}^{n}A_j;\gamma\}$ 是一个关于 γ_{12} 的递增函数.

2.2b(Berman) 继续使用 2.2a 中的记号. 我们有

$$\left|P\left\{\bigcap_{j=1}^{n}A_j\right\}-\prod_{j=1}^{n}P(A_j)\right|\leqslant\sum_{1\leqslant k<l\leqslant n}|\gamma_{kl}|\varphi(x_k,x_l;\gamma_{kl}^*),$$

其中 $\varphi(x,y;\gamma_{kl}^*)$ 是一个标准的二元正态密度函数，其协方差为 γ_{kl}，γ_{kl}^* 是一个介于 0 和 γ_{kl} 之间的数.

证明 令 $I_j=I_{x_j}^{\varepsilon_j}$，

$$Q((I_1,\cdots,I_n);\gamma)=\int_{I_1}\cdots\int_{I_n}p(u_1,\cdots,u_n;\gamma)du_1\cdots du_n.$$

I 为 n 阶单位矩阵. 那么, 由中值定理, 存在着介于 0 和 γ_{kl} 的数, 使得

$$P\left\{\bigcap_{j=1}^{n} A_j; \gamma\right\} - P\left\{\bigcap_{j=1}^{n} A_j; I\right\} = \sum_{1\leqslant k<l\leqslant n} \gamma_{kl}(\partial Q/\partial\gamma_{kl})((I_1,\cdots .I_n);(\gamma_{kl}^*))$$

$$\leqslant \sum_{1\leqslant k<l\leqslant n} |\gamma_{kl}|\varphi(x_k,x_l;\gamma_{kl}^*).$$

2.2c(Gordon) 令 $\{X_{ij}\}$ 和 $\{Y_{ij}\}$ $(1\leqslant i\leqslant n, 1\leqslant j\leqslant m)$ 为两个正态 r.v. 集合, 满足

(1) $EX_{ij}=EY_{ij}=0, EX_{ij}^2=EY_{ij}^2, \ 1\leqslant i\leqslant n, \ 1\leqslant j\leqslant m$;

(2) $E(X_{ij}X_{ik})\leqslant E(Y_{ij}Y_{ik}), \ 1\leqslant i\leqslant n, \ 1\leqslant j,k\leqslant m$;

(3) $E(X_{ij}X_{lk})\geqslant E(Y_{ij}Y_{lk}), \ i\neq l, \ 1\leqslant i, \ l\leqslant n, \ 1\leqslant j,k\leqslant m$.

那么对任意的 x_{ij}

$$P\left\{\bigcap_{i=1}^{n}\bigcup_{j=1}^{m}(X_{ij}\geqslant x_{ij})\right\} \geqslant P\left\{\bigcap_{i=1}^{n}\bigcup_{j=1}^{m}(Y_{ij}\geqslant x_{ij})\right\}.$$

证明 用

$$\mathbf{x} = (x_{11},\cdots,x_{1m},x_{21},\cdots,x_{2m},\cdots,x_{n1},\cdots,x_{nm})$$

表示 R^{nm} 中的向量 $\mathbf{x}=(x_1,\cdots,x_{nm})$, 其中 $x_{ij}=x_{(i-1)m+j}$ $(1\leqslant i\leqslant n, 1\leqslant j\leqslant m)$.

给定正定矩阵 $\Gamma=(\gamma_{uv})_{nm}$, 令 $\mathbf{Z}=(Z_1,\cdots,Z_{nm})$ 为一中心化正态随机向量, 其密度函数为

$$g(\mathbf{Z};\Gamma) = (2\pi)^{-nm}\int_{R^{nm}}\exp\{\mathrm{i}(\mathbf{x},\mathbf{Z})-\frac{1}{2}\mathbf{x}'\Gamma\mathbf{x}\}d\mathbf{x}.$$

容易看出如果 $u\neq v$ 那么 $\partial g/\partial\gamma_{uv}=\partial^2 g/\partial z_u\partial z_v$. 如果 $u=(i-1)m+j, v=(l-1)m+k$ $(1\leqslant i,l\leqslant n, 1\leqslant j,k\leqslant m)$, 那么由以前的记号,

$$\gamma_{uv} = E(Z_uZ_v) = E(Z_{ij}Z_{lk}).$$

令 $A_{ij}=\{Z_{ij}\geqslant x_{ij}\}$, $B_{i0}=A_{i1}$ 和 $B_{ij}=A_{i1}^c\cdots A_{ij}^c A_{i,j+1}$. 则可以验证

$$\bigcap_{i=1}^{n}\bigcup_{j=1}^{m}A_{ij} = \bigcup_{j_1=0}^{m-1}\cdots\bigcup_{j_n=0}^{m-1}(B_{1j_1}B_{2j_2}\cdots B_{nj_n}).$$

利用这个关系我们得到

$$Q(\mathbf{Z};\Gamma) \equiv P\left(\bigcap_{i=1}^{n}\bigcup_{j=1}^{m} A_{ij}\right) = \sum_{j_1=0}^{m-1}\cdots\sum_{j_n=0}^{m-1}\int_{B_{nj_n}}\cdots\int_{B_{1j_1}} g(\mathbf{z})d\mathbf{z}.$$

对于任意的函数 $f(z_{11}\cdots z_{nm})$ 和 $1\leqslant i\leqslant n,\quad 0\leqslant j\leqslant m-1,$

$$\int_{B_{i0}} f(\mathbf{z})dz_{i1}\cdots dz_{im} = \int_{x_{i1}}^{\infty}\int_{-\infty}^{\infty}\cdots\int_{-\infty}^{\infty} f(\mathbf{z})dz_{im}\cdots dz_{i2}dz_{i1},$$

$$\int_{B_{ij}} f(\mathbf{z})dz_{i1}\cdots dz_{im} = \int_{-\infty}^{x_{i1}}\cdots\int_{-\infty}^{x_{ij}}\int_{x_{i,j+1}}^{\infty}\int_{-\infty}^{\infty}\cdots\int_{-\infty}^{\infty} f(\mathbf{z})dz_{im}\cdots dz_{i2}dz_{i1}.$$

对 Q 关于 γ_{uv} 取偏导数,

$$\frac{\partial Q(\mathbf{z};\Gamma)}{\partial\gamma_{uv}} = \sum_{j_1=0}^{m-1}\cdots\sum_{j_n=0}^{m-1}\int_{B_{1j_1}}\cdots\int_{B_{nj_n}} \frac{\partial^2 g(\mathbf{z})}{\partial z_u\partial z_v}d\mathbf{z},\qquad u\neq v.$$

上面的积分有 2 种可能:

(a) $u=(i-1)m+k$, $v=(i-1)m+l$, 其中 $1\leqslant k<l\leqslant m$, $1\leqslant i\leqslant n$;

(b) $u=(i-1)m+k$, $v=(i'-1)m+l$, 其中 $1\leqslant k<l\leqslant m$, $1\leqslant i<i'\leqslant n$.

对于情形 (a), 不失一般性, 我们取 $z_u=z_{1,m-1},z_v=z_{1m}$ (也即 $i=1,k=m-1,l=m$), 那么

$$\int_{B_{1j_1}} \frac{\partial^2 g(\mathbf{z})}{\partial z_{1,m-1}\partial z_{1m}}dz_{11}\cdots dz_{1m}$$

$$= \int_{-\infty}^{x_{11}}\cdots\int_{-\infty}^{x_{1j_1}}\int_{x_{1,j_1+1}}^{\infty}\int_{-\infty}^{\infty}\cdots\int_{-\infty}^{\infty} \frac{\partial^2 g(\mathbf{z})}{\partial z_{1,m-1}\partial z_{1m}}dz_{1m}\cdots dz_{11}.$$

如果 $j_1<m-1$, 那么上式等于 0. 这可由下式看出

$$\int_{-\infty}^{\infty} \frac{\partial^2 g(\mathbf{z})}{\partial z_{1,m-1}\partial z_{1m}}dz_{1m} = 0.$$

但是当 $j_1=m-1$ 时,

$$\int_{B_{1j_1}} \frac{\partial^2 g(\mathbf{z})}{\partial z_{1,m-1}\partial z_{1m}}dz_{11}\cdots dz_{1m}$$

$$= -\int_{-\infty}^{x_{11}}\cdots\int_{-\infty}^{x_{1,m-2}} g(\mathbf{z})|_{z_{1,m-1}=x_{1,m-1},z_{1m}=x_{1m}}dz_{1,m-2}\cdots dz_{11}.$$

因此, 对于情形 (a), 我们有 $\partial Q/\partial \gamma_{uv} \leqslant 0$.

考虑情形 (b). 不失一般性, 我们取 $z_u = z_{1m}$ 和 $z_v = z_{2m}$. 那么, 当 j_1 或者 j_2 比 $m-1$ 小时, 像上面一样可以得到

$$\int_{B_{2j_2}} \int_{B_{1j_1}} \frac{\partial^2 g(\mathbf{z})}{\partial z_{1m} \partial z_{2m}} dz_{11} \cdots dz_{1m} dz_{21} \cdots dz_{2m} = 0.$$

然而, 如果 $j_1 = j_2 = m-1$, 那么

$$\int_{B_{2,m-1}} \int_{B_{1,m-1}} \frac{\partial^2 g(\mathbf{z})}{\partial z_{1m} \partial z_{2m}} dz_{11} \cdots dz_{1m} dz_{21} \cdots dz_{2m}$$

$$= \int_{-\infty}^{x_{11}} \cdots \int_{-\infty}^{x_{1,m-1}} \int_{x_{1m}}^{\infty} \int_{-\infty}^{x_{21}} \cdots \int_{-\infty}^{x_{2,m-1}} \int_{x_{2m}}^{\infty} \frac{\partial^2 g(\mathbf{z})}{\partial z_{1m} \partial z_{2m}} dz_{2m} \cdots dz_{11}$$

$$= \int_{-\infty}^{x_{11}} \cdots \int_{-\infty}^{x_{1,m-1}} \int_{-\infty}^{x_{21}} \cdots \int_{-\infty}^{x_{2,m-1}} g(\mathbf{z})|_{z_{1m}=x_{1m}, z_{2m}=x_{2m}} dz_{2,m-1} \cdots$$

$$dz_{21} dz_{1,m-1} \cdots dz_{11}$$

$$\geqslant 0.$$

因此对于情形 (b), 我们有 $\partial Q/\partial \gamma_{uv} \geqslant 0$.

令 $\Gamma_{\mathbf{X}}$ 和 $\Gamma_{\mathbf{Y}}$ 为 $\mathbf{X} = (X_{11}, \cdots, X_{1m}, \cdots, X_{n1}, \cdots, X_{nm})$ 和 $\mathbf{Y} = (Y_{11}, \cdots, Y_{1m}, \cdots, Y_{n1}, \cdots, Y_{nm})$ 的协方差矩阵. 由标准的逼近程序我们可以假设 $\Gamma_{\mathbf{X}}$ 和 $\Gamma_{\mathbf{Y}}$ 都是正定的. 对于 $0 \leqslant \theta \leqslant 1$, 令 $\Gamma_{\mathbf{X}} = (\gamma_{uv})$, $\Gamma_{\mathbf{Y}} = (s_{uv})$ 和 $\Gamma(\theta) = \theta \Gamma_{\mathbf{X}} + (1-\theta)\Gamma_{\mathbf{Y}}$. 根据假设 (1), 对于所有的 u, $\gamma_{uv} = s_{uv}$, 因此

$$\frac{dQ(\mathbf{z}; \Gamma(\theta))}{d\theta} = \sum_{u<v} \frac{\partial Q(\mathbf{z}; \Gamma)}{\partial \gamma_{uv}} |_{\gamma=\gamma(\theta)} (\gamma_{uv} - s_{uv}).$$

由假设 (2) 和 (3), 在情形 (a) 下有 $\gamma_{uv} \leqslant s_{uv}$; 在情形 (b) 下有 $\gamma_{uv} \geqslant s_{uv}$, 所以 $dQ/d\theta \geqslant 0$. 因此 $Q(\mathbf{z}, \Gamma(1)) \geqslant Q(\mathbf{z}, \Gamma(0))$, 也即 $Q(\mathbf{X}; \Gamma_{\mathbf{X}}) \geqslant Q(\mathbf{Y}; \Gamma_{\mathbf{Y}})$.

注 在 (1), (2) 和 (3) 成立的条件下,

$$E \min_{1 \leqslant i \leqslant n} \max_{1 \leqslant j \leqslant m} X_{ij} \geqslant E \min_{1 \leqslant i \leqslant n} \max_{1 \leqslant j \leqslant m} Y_{ij}.$$

2.3 (Anderson 型不等式)

2.3a 设 $\mathbf{X}$ 为 R^N 中的零均值 Gauss 向量, E 为 R^N 中一个关于原点对称的凸集, $x \in R^N$. 则对任意的 $0 \leqslant |h| \leqslant 1$ 成立

$$P\{\mathbf{X} + x \in E\} \leqslant P\{\mathbf{X} + hx \in E\}.$$

证明 这是下列积分不等式 (Anderson 1955) 的一个直接推论: 设 E 为 R^N 中一个关于原点对称的凸集, R^N 上的非负函数 $f(x)$ 满足:

(i) $f(x) = f(-x)$;

(ii) 对每一 $u > 0$, $\{x : f(x) \geqslant u\}$ 是一个凸集;

(iii) $\int_E f(x)dx < \infty$ (在 Lebesgue 积分意义下),

则对任意 $0 \leqslant h \leqslant 1$, 有

$$\int_E f(x + y)dx \leqslant \int_E f(x + hy)dx. \tag{2}$$

取 $f(x) = (2\pi)^{-N/2} \exp\left\{-x' \Sigma^{-1} x/2\right\}$, 其中 Σ 为 X 的正定的协方差矩阵, 由 (2) 即得待证的不等式.

2.3b 设 $\mathbf{X}_1$ 和 $\mathbf{X}_2$ 为 R^N 中两个均值为零的 Gauss 向量, 它们的协方差矩阵分别为 Σ_1 和 Σ_2. 若 $\Sigma_2 - \Sigma_1$ 是半正定的, E 为一个关于原点对称的凸集, 则

$$P\{X_1 \in E\} \geqslant P\{X_2 \in E\}.$$

证明 令 $\mathbf{Y}$ 为 R^N 中与 $\mathbf{X}_1$ 独立的零均值 Gauss 向量, 其协方差矩阵为 $\Sigma_2 - \Sigma_1$. 则 $\mathbf{X}_2$ 与 $\mathbf{X}_1 + \mathbf{Y}$ 同分布. 由 2.3a, 我们有

$$P\{\mathbf{X}_2 \in E\} = P\{\mathbf{X}_1 + \mathbf{Y} \in E\} = \int P\{\mathbf{X}_1 + y \in E\}dP_{\mathbf{Y}}(y)$$
$$\leqslant \int P\{\mathbf{X}_1 \in E\}dP_{\mathbf{Y}}(y) = P\{\mathbf{X}_1 \in E\}.$$

2.4 (Khatri-Šidák 型不等式)

2.4a 设 $\mathbf{X}^{(1)}$ 和 $\mathbf{X}^{(2)}$ 分别为 R^m 和 R^n 中的 Gauss 向量, D_1 和 D_2 分别为 R^m 和 R^n 中的两个关于原点对称的凸集. 如果协方差矩阵 $\text{Cov}(\mathbf{X}^{(1)}, \mathbf{X}^{(2)})$ 的秩至多为 1, 则有

$$P\{\mathbf{X}^{(1)} \in D_1, \mathbf{X}^{(2)} \in D_2\} \geqslant P\{\mathbf{X}^{(1)} \in D_1\}P\{\mathbf{X}^{(2)} \in D_2\}.$$

证明　设 g 和 h 是定义在 R^N 上的两个函数, 对任何 $x_1, x_2 \in R^N$, $(g(x_1) - g(x_2))(h(x_1) - h(x_2)) \geqslant 0$. 又设 $\mathbf{X}$ 是 R^N 上的随机向量, $\mathbf{Y}$ 是它的独立复制, 则由 $E(g(\mathbf{X}) - g(\mathbf{Y}))(h(\mathbf{X}) - h(\mathbf{Y})) \geqslant 0$ 可得

$$Eg(\mathbf{X})h(\mathbf{X}) \geqslant Eg(\mathbf{X})Eh(\mathbf{X}). \tag{3}$$

令 Σ_1 和 Σ_2 分别是 $\mathbf{X}^{(1)}$ 和 $\mathbf{X}^{(2)}$ 的协方差矩阵. 由 $\mathrm{Cov}(\mathbf{X}^{(1)}, \mathbf{X}^{(2)})$ 的秩至多为 1 的事实可知, 存在向量 $a \in R^m$ 和 $b \in R^n$ 使得 $\mathrm{Cov}(\mathbf{X}^{(1)}, \mathbf{X}^{(2)}) = a'b$, 并且可将 $\mathbf{X}^{(1)}$ 和 $\mathbf{X}^{(2)}$ 写成如下形式:

$$\mathbf{X}^{(1)} = \mathbf{Y}^{(1)} + ag, \quad \mathbf{X}^{(2)} = \mathbf{Y}^{(2)} + bg,$$

其中 g 为标准正态变量, $\mathbf{Y}^{(1)}$ 和 $\mathbf{Y}^{(2)}$ 为零均值 Gauss 向量, 协方差矩阵分别为 $\sum_1 - a'a$ 和 $\sum_2 - b'b$, 且 $\mathbf{Y}^{(1)}, \mathbf{Y}^{(2)}$ 和 g 相互独立. 由 2.3a 知, $P\{\mathbf{Y}^{(1)} + ay \in D_1\}$ 和 $P\{\mathbf{Y}^{(2)} + by \in D_2\}$ 都是 $|y|$ 的单调不减函数. 因此, 利用 (3) 我们有

$$
\begin{aligned}
&P\{\mathbf{X}^{(1)} \in D_1, \mathbf{X}^{(2)} \in D_2\} \\
&= P\{\mathbf{Y}^{(1)} + ag \in D_1, \mathbf{Y}^{(2)} + bg \in D_2\} \\
&= \int P\{\mathbf{Y}^{(1)} + ay \in D_1, \mathbf{Y}^{(2)} + by \in D_2\} dP_g(y) \\
&= \int P\{\mathbf{Y}^{(1)} + ay \in D_1\} P\{\mathbf{Y}^{(2)} + by \in D_2\} dP_g(y) \\
&\geqslant \int P\{\mathbf{Y}^{(1)} + ay \in D_1\} dP_g(y) \int P\{\mathbf{Y}^{(2)} + by \in D_2\} dP_g(y) \\
&= P\{\mathbf{Y}^{(1)} + ag \in D_1\} P\{\mathbf{Y}^{(2)} + bg \in D_2\} \\
&= P\{\mathbf{X}^{(1)} \in D_1\} P\{\mathbf{X}^{(2)} \in D_2\}.
\end{aligned}
$$

作为 2.4a 的特例, 我们有

2.4b　设 $(X_1, \cdots, X_N)$ 为 R^N 上的零均值 Gauss 向量. 则对任意的正数 $\lambda_i, i = 1, \cdots, N$, 有

$$
P\left\{\bigcap_{i=1}^{N} (|X_i| \leqslant \lambda_i)\right\} \geqslant P\left\{\bigcap_{i=1}^{N-1} (|X_i| \leqslant \lambda_i)\right\} P\{|X_N| \leqslant \lambda_N\}
$$

$$
\geqslant \prod_{i=1}^{N} P\{|X_i| \geqslant \lambda_N\}.
$$

当 2.4a 中 $\mathrm{Cov}(\mathbf{X}^{(1)}, \mathbf{X}^{(2)})$ 的秩大于 1 时, Shao (2003) 证明了下列结果.

2.4c 设 $(X_1, \cdots, X_n)$ 为一零均值的 Gauss 向量. 则对任意的 $x > 0$ 和 $1 < k \leqslant n$,

$$\rho P\Big\{\max_{1 \leqslant i \leqslant k} |X_i| \leqslant x\Big\} P\Big\{\max_{k < i \leqslant n} |X_i| \leqslant x\Big\}$$

$$\leqslant P\Big\{\max_{1 \leqslant i \leqslant n} |X_i| \leqslant x\Big\} \leqslant (1/\rho) P\Big\{\max_{1 \leqslant i \leqslant k} |X_i| \leqslant x\Big\} P\Big\{\max_{k < i \leqslant n} |X_i| \leqslant x\Big\},$$

其中 $\rho = (|\varSigma|/(|\varSigma_{11}||\varSigma_{22}|))^{1/2}$, $\varSigma$, $\varSigma_{11}$ 和 $\varSigma_{22}$ 分别为 $(X_1, \cdots, X_n)$, $(X_1, \cdots, X_k)$ 和 $(X_{k+1}, \cdots, X_n)$ 的协方差矩阵.

2.4b 可以看作是 Slepian 引理 (即 2.2a) 在绝对值情形的一个类比, 另一个类比是 2.5

2.5

设 $\mathbf{X} = (X_1, \cdots, X_N)$ 为 R^N 上的零均值 Gauss 向量, 其协方差矩阵 $\varGamma = (a_{ij})$ 满足 $a_{ij} = \alpha_i \alpha_j (a_{ii} a_{jj})^{1/2}$, $i \neq j$, 其中 $|\alpha_i| \leqslant 1$ 且 $a_{ii} > 0$, $i = 1, \cdots, N$. 则对任意的正数 λ_i, $i = 1, \cdots, N$, 有

$$P\left\{\bigcap_{i=1}^{N}(|X_i| \geqslant \lambda_i)\right\} \geqslant \prod_{i=1}^{N} P\{|X_i| \geqslant \lambda_i\}.$$

证明 记 $\sigma_i^2 = a_{ii}$. 由假设, 可将协方差矩阵 $\varGamma$ 写成 $\varGamma = T + \boldsymbol{\alpha}' \boldsymbol{\alpha}$, 其中 $\boldsymbol{\alpha} = (\sigma_1 \alpha_1, \cdots, \sigma_N \alpha_N)$, T 为一个 $N \times N$ 对角线矩阵, 其对角线元素为 $\sigma_i^2(1 - \alpha_i^2)$. 又可将 $\mathbf{X}$ 写成

$$\mathbf{X} = \mathbf{Y} + \alpha g,$$

其中 $\mathbf{Y} = (Y_1, \cdots, Y_N)$ 是 R^N 上的零均值 Gauss 向量, 其协方差矩阵为 T, g 为一与 $\mathbf{Y}$ 独立的标准正态变量. 从而 $Y_1, \cdots, Y_N, g$ 相互独立. 由 2.3a 可知对每一 i, $P\{|Y_i + \sigma_i \alpha_i y| \geqslant \lambda_i\}$ 是 $|y|$ 的单调不减函数. 利用 (3), 得

$$P\left\{\bigcap_{i=1}^{N}(|X_i| \geqslant \lambda_i)\right\} = \int \prod_{i=1}^{N} P\{|Y_i + \sigma_i \alpha_i y| \geqslant \lambda_i\} dP_g(y)$$

$$\geqslant \prod_{i=1}^{N} \int P\{|Y_i + \sigma_i \alpha_i y| \geqslant \lambda_i\} dP_g(y)$$

$$= \prod_{i=1}^{N} P\{|X_i| \geqslant \lambda_i\}.$$

2.6 (二项分布和 Poisson 分布的正态逼近)

2.6a(DeMoivre-Laplace) 对于 $n = 1, 2, \cdots$, 令 $k = k_n$ 为非负整数且记 $x = x_k = (k - np)(npq)^{-1/2}$, 其中 $q = 1 - p, 0 < p < 1$. 如果 $x = o(n^{1/6})$, 则存在着正常数 A, B, C 使得

$$\left| \frac{b(k; n, p)}{(npq)^{-1/2} \varphi(x)} - 1 \right| < \frac{A}{n} + \frac{B \mid x \mid^3}{\sqrt{n}} + \frac{C \mid x \mid}{\sqrt{n}}.$$

(由此推出 $b(n; 2n, \frac{1}{2}) = \binom{2n}{n}(\frac{1}{2})^{2n} \sim (n\pi)^{-1/2}$.)

证明 由条件 $x = o(n^{1/6})$ 可知 $k/n \to p$. 根据 Stirling 公式

$$n! = n^{n+1/2} e^{-n+\varepsilon_n} \sqrt{2\pi}, \quad \frac{1}{12n+1} < \varepsilon_n < \frac{1}{12n},$$

可得

$$b(k; n, p) = \binom{n}{k} p^k q^{n-k} = \frac{n^{n+1/2} \exp(-n + \varepsilon_n)(2\pi)^{-1/2} p^k q^{n-k}}{k^{k+1/2}(n - k)^{n-k+1/2} \exp(-n + \varepsilon_k + \varepsilon_{n-k})}$$

$$= \frac{e^\varepsilon}{\sqrt{2\pi}} \left(\frac{k}{np} \right)^{-k-1/2} \left(\frac{n-k}{nq} \right)^{-n+k-1/2} (npq)^{-1/2},$$

其中 $\varepsilon = \varepsilon_n - \varepsilon_k - \varepsilon_{n-k}$. 因为 $k/n \to p$, 所以 $\varepsilon = O(n^{-1})$. 我们有

$$\log\{(2\pi npq)^{1/2} b(k; n, p)\}$$

$$= \varepsilon - \left(k + \frac{1}{2} \right) \log \frac{k}{np} - \left(n - k + \frac{1}{2} \right) \log \frac{n-k}{nq}$$

$$= \varepsilon - \left(np + x\sqrt{npq} + \frac{1}{2} \right) \log \left(1 + x\sqrt{\frac{q}{np}} \right)$$

$$\quad - \left(nq - x\sqrt{npq} + \frac{1}{2} \right) \log \left(1 - x\sqrt{\frac{p}{nq}} \right)$$

$$= \varepsilon - \left(np + x\sqrt{npq} + \frac{1}{2} \right) \left[x\sqrt{\frac{q}{np}} - \frac{x^2 q}{2np} + O\left(\frac{\mid x \mid^3}{n^{3/2}} \right) \right]$$

$$-\left(nq - x\sqrt{npq} + \frac{1}{2}\right)\left[-x\sqrt{\frac{p}{nq}} - \frac{x^2 p}{2nq} + O\left(\frac{|x|^3}{n^{3/2}}\right)\right]$$

$$= \varepsilon - \left[x\sqrt{npq} + x^2 q - \frac{x^2 q}{2} + \frac{x}{2}\sqrt{\frac{q}{np}} + O\left(\frac{|x|^3}{n^{1/2}}\right) + O\left(\frac{x^2}{n}\right)\right]$$

$$- \left[-x\sqrt{npq} + x^2 p - \frac{x^2 p}{2} - \frac{x}{2}\sqrt{\frac{p}{nq}} + O\left(\frac{|x|^3}{n^{1/2}}\right) + O\left(\frac{x^2}{n}\right)\right]$$

$$= -\frac{x^2}{2} + O\left(\frac{|x|^3}{\sqrt{n}}\right) + O\left(\frac{|x|}{\sqrt{n}}\right) + O\left(\frac{1}{n}\right).$$

因此

$$(npq)^{1/2}b(k; n, p) = \frac{1}{\sqrt{2\pi}}\exp\left(\frac{-x^2}{2} + O\left(\frac{|x|^3}{\sqrt{n}}\right) + O\left(\frac{|x|}{\sqrt{n}}\right) + O\left(\frac{1}{n}\right)\right)$$

$$= \varphi(x)\left[1 + O\left(\frac{|x|^3}{\sqrt{n}}\right) + O\left(\frac{|x|}{\sqrt{n}}\right) + O\left(\frac{1}{n}\right)\right].$$

由此即得待证的不等式.

2.6b 对于 $x = (k - \lambda)/\sqrt{\lambda} \sim o(\lambda^{1/6})(\lambda \to \infty)$, 存在着正常数 A, B 和 C 使得

$$\left|\frac{p(k; \lambda)}{\lambda^{-1/2}\varphi(x)} - 1\right| \leqslant \frac{A}{\lambda} + \frac{B|x|^3}{\sqrt{\lambda}} + \frac{C|x|}{\sqrt{\lambda}}.$$

证明 由 $x = (k - \lambda)/\sqrt{\lambda} = o(\lambda^{1/6})$ 推出 $k = \lambda + o(\lambda^{2/3})$ 且 $x\sqrt{\lambda}/k = o(\lambda^{-1/3})$. 因此

$$\log\left\{(2\pi\lambda)^{1/2}\frac{\lambda^k e^{-\lambda}}{k!}\right\} = \log\left\{\left(\frac{\lambda}{k}\right)^{k+1/2} e^{-\lambda + k - \varepsilon_k}\right\}$$

$$= \left(k + \frac{1}{2}\right)\log\left(1 - \frac{x\sqrt{\lambda}}{k}\right) + x\sqrt{\lambda} - \varepsilon_k$$

$$= -\left(k + \frac{1}{2}\right)\left\{\frac{x\sqrt{\lambda}}{k} + \frac{x^2\lambda}{2k^2} + O\left(\frac{x^3\lambda^{3/2}}{k^3}\right)\right\} + x\sqrt{\lambda} - \varepsilon_k$$

$$= -\left\{\frac{x^2\lambda}{2k} + \frac{x\sqrt{\lambda}}{2k} + \frac{x^2\lambda}{4k^2} + O\left(\frac{x^3\lambda^{3/2}}{k^2}\right)\right\}$$

$$= -\frac{1}{2}x^2 + O\left(\frac{x}{\sqrt{\lambda}}\right) + O\left(\frac{1}{\lambda}\right) + O\left(\frac{x^3}{\sqrt{\lambda}}\right),$$

由此即得待证的不等式.

3. 关于特征函数的不等式

令 ξ 为 r.v., 其 d.f. 为 $F(x)$. 定义它的特征函数 (c.f.) 为

$$f(x) = Ee^{it\xi} = \int_{-\infty}^{\infty} e^{itx} dF(x).$$

3.1 (只与 c.f. 有关的不等式)

3.1a 对于任意实数 t,

$$1 - |f(2t)|^2 \leqslant 4(1 - |f(t)|^2).$$

证明 令 $G(x)$ 为一任意 d.f. 且令 $g(t)$ 为相应的 c.f., 则

$$\operatorname{Re}(1 - g(t)) = \int_{-\infty}^{\infty} (1 - \cos tx) dG(x),$$

其中 Re 表示实数部分. 显然

$$1 - \cos tx = 2\sin^2 \frac{tx}{2} \geqslant \frac{1}{4}(1 - \cos 2tx),$$

因此对于每个 t,

$$\operatorname{Re}(1 - g(2t)) \leqslant 4\operatorname{Re}(1 - g(t))$$

(这个不等式有其自身的应用). 然后只需令 $g(t) = |f(t)|^2$ 就得到待证的不等式.

3.1b 若对 $|t| \geqslant b > 0$ 有 $|f(t)| \leqslant c$, 则对于 $|t| < b$,

$$|f(t)| \leqslant 1 - \frac{1 - c^2}{8b^2} t^2.$$

证明 从 3.1a 可知

$$1 - |f(2^n t)|^2 \leqslant 4^n (1 - |f(t)|^2)$$

对任意的 n 成立. 对于 $t = 0$, 不等式是显然的. 假设 $t \neq 0, |t| < b$. 我们选取 n 使得 $2^{-n}b \leqslant |t| < 2^{-n+1}b$. 那么 $|f(2^n t)|^2 \leqslant c^2$, 进而 $1 - |f(t)|^2 > \frac{1-c^2}{4b^2}t^2$, 由此可得 $|f(t)| < 1 - \frac{1-c^2}{8b^2}t^2$.

3.1c 令 $f(t)$ 为一非退化分布的 c.f. 那么存在着正常数 δ 和 ε, 使得 $|f(t)| \leqslant 1 - \varepsilon t^2$ 对于 $|t| \leqslant \delta$ 成立.

证明   首先我们将在一个辅助条件下来证明这个不等式, 我们假设这个 d.f. 有有限方差 σ^2. 因为分布是非退化的, 所以我们有 $\sigma^2 > 0$. 记相应的数学期望为 a. 那么 $f(t)e^{-iat}$ 为均值为 0, 方差为 σ^2 的 d.f. 的 c.f. 因此

$$f(t)e^{-iat} = 1 - \frac{\sigma^2 t^2}{2} + o(t^2), \ \ t \to 0.$$

对于充分小的 t, 等式右边的模不超过 $1 - \sigma^2 t^2/4$. 由此即可推得所要的结论.

现在考虑一般情形. 令 $F(x)$ 为一非退化 d.f. 且令 $f(t)$ 为相应的 c.f. 记 $c = \int_{|x| \leqslant b} dF(x)$. 选取 b 使得 $c > 0$. 由下列等式来定义函数 $G(x)$

$$G(x) = \begin{cases} 0, & \text{若 } x \leqslant -b, \\ \dfrac{1}{c}(F(x) - F(-b)), & \text{若 } -b < x \leqslant b, \\ 1, & \text{若 } x > b. \end{cases}$$

显然 $G(x)$ 为非退化 d.f. 且方差有限, 相应的 c.f. 为

$$g(t) = \frac{1}{c} \int_{|x| \leqslant b} e^{itx} dF(x).$$

由前面的证明可推知, 存在正数 δ 和 ε, 对于 $|t| \leqslant \delta$

$$\frac{1}{c}\left| \int_{|x| \leqslant b} e^{itx} dF(x) \right| \leqslant 1 - \varepsilon t^2.$$

此外

$$|f(t)| \leqslant \left| \int_{|x| \leqslant b} e^{itx} dF(x) \right| + \int_{|x| > b} dF(x).$$

因此对于 $|t| \leqslant \delta$, 有 $|f(t)| \leqslant c(1 - \varepsilon t^2) + 1 - c = 1 - c\varepsilon t^2$.

3.1d 令 ξ 为一有界 r.v., 即 $|\xi| \leqslant M$, 其方差记为 σ^2. 那么

$$e^{-\sigma^2 t^2} \leqslant |f(t)| \leqslant e^{-\sigma^2 t^2/3}, \ \ |t| \leqslant \frac{1}{4M}.$$

证明 首先假设 $E\xi = 0$. 由 Taylor 公式

$$f(t) = \sum_{j=0}^{n-1} \frac{(\mathrm{i}t)^j}{j!} E\xi^j + R_n(t), \quad |R_n(t)| \leqslant \frac{|t|^n}{n!} E|\xi|^n.$$

由此

$$|1 - f(t)| \leqslant \frac{\sigma^2 t^2}{2}, \tag{4}$$

且

$$\left| 1 - f(t) - \frac{\sigma^2 t^2}{2} \right| \leqslant \frac{M\sigma^2 |t|^3}{6}. \tag{5}$$

如果 z 是一个复数且 $|1 - z| < 1$, 那么,

$$|\log z + 1 - z| = \left| \int_z^1 \left(\frac{1}{\zeta} - 1 \right) d\zeta \right| \leqslant \frac{|1 - z|^2}{|z|}$$

(沿着直线段积分). 由此, 并利用 (4), 可得

$$|\log f(t) + 1 - f(t)| \leqslant \frac{|1 - f(t)|^2}{|f(t)|} \leqslant \frac{\sigma^4 t^4}{4(1 - \sigma^2 t^2/2)}, \quad M^2 t^2 < 2.$$

再结合不等式 (5), 推得

$$\left| -\log f(t) - \frac{\sigma^2 t^2}{2} \right| \leqslant \frac{\sigma^4 t^4}{4(1 - \sigma^2 t^2/2)} + \frac{M\sigma^2 |t|^3}{6} \leqslant \frac{\sigma^2 t^2}{6}, \quad M|t| \leqslant \frac{1}{2}.$$

取实数部分, 我们可知对于 $|t| \leqslant 1/(2M)$, 所求的不等式是正确的. 为去掉 $E\xi = 0$ 的限制, 只需把不等式应用到 $\xi - E\xi$ 即可得 3.1d.

3.1e(增量不等式) 对所有的实数 t 和 h, 有

$$|f(t) - f(t + h)|^2 \leqslant 2(1 - \mathrm{Re} f(h)).$$

证明 由 Cauchy-Schwarz 不等式,

$$|f(t) - f(t + h)|^2 = \left| \int e^{\mathrm{i}tx}(1 - e^{\mathrm{i}hx}) dF(x) \right|^2$$

$$\leqslant \int dF(x) \int |1 - e^{\mathrm{i}hx}|^2 dF(x)$$

$$= 2 \int (1 - \cos hx) dF(x)$$
$$= 2(1 - \mathrm{Re} f(h)).$$

3.2 (关于特征函数和分布函数的不等式)

3.2a(截尾不等式)   对于 $u > 0$,

$$\int_{|x|<1/u} x^2 dF(x) \leqslant \frac{3}{u^2}(1 - \mathrm{Re} f(u)),$$

$$\int_{|x|\geqslant 1/u} dF(x) \leqslant \frac{7}{u} \int_0^u (1 - \mathrm{Re} f(t)) dt.$$

证明

$$\int (1 - \cos ux) dF(x) \geqslant \int_{|x|<1/u} \frac{u^2 x^2}{2} \left(1 - \frac{u^2 x^2}{12}\right) dF(x)$$

$$\geqslant \frac{11 u^2}{24} \int_{|x|<1/u} x^2 dF(x);$$

$$\frac{1}{u} \int_0^u dt \int (1 - \cos tx) dF(x) = \int \left(1 - \frac{\sin ux}{ux}\right) dF(x)$$

$$\geqslant (1 - \sin 1) \int_{|x|\geqslant 1/u} dF(x).$$

3.2b(积分不等式)   对于 $u > 0$, 存在函数 $0 < m(u) < M(u) < \infty$, 使得

$$m(u) \int_o^u (1 - \mathrm{Re} f(t)) dt \leqslant \int \frac{x^2}{1 + x^2} dF(x)$$

$$\leqslant M(u) \int_o^u (1 - \mathrm{Re} f(t)) dt.$$

对充分接近于 0 的 u,

$$\int \frac{x^2}{1 + x^2} dF(x) \leqslant -M(u) \int_0^u (\log \mathrm{Re} f(t)) dt.$$

证明   由下面的事实可得第一部分不等式,

$$\int_0^u dt \int (1 - \cos tx) dF(x) = u \int \left(1 - \frac{\sin ux}{ux}\right) \frac{1 + x^2}{x^2} \frac{x^2}{1 + x^2} dF(x),$$

且

$$0 < m^{-1}(u) \leqslant |u|\left(1 - \frac{\sin ux}{ux}\right)\frac{1+x^2}{x^2} \leqslant M^{-1}(u) < \infty.$$

第二部分可由下列事实得出：$\log(1-x) \sim x \ (x \to 0)$.

3.2c $\int \frac{x^2}{1+x^2}dF(x) \leqslant \int_0^\infty e^{-t}|1 - f(t)|dt.$

证明 由分部积分得

$$\int_0^\infty e^{-t}\cos xt\, dt = \frac{1}{1+x^2},$$

由此推得

$$\int \frac{x^2}{1+x^2}dF(x) = \int_0^\infty e^{-t}(1 - \mathrm{Re}f(t))dt,$$

证毕.

3.3 (独立和的特征函数的正态逼近)

令 $X_1\cdots, X_n$ 为独立 r.v., $EX_j = 0$, $E|X_j|^3 < \infty (j=1,\cdots,n)$. 记

$$\sigma_j^2 = EX_j^2, \quad B_n = \sum_{j=1}^n \sigma_j^2, \quad L_n = B_n^{-3/2}\sum_{j=1}^n E|X_j|^3.$$

令 $f_n(t)$ 为 r.v. $B_n^{-1/2}\sum_{j=1}^n X_j$ 的 c.f. 则对于 $|t| \leqslant \frac{1}{4L_n}$, 有

$$|f_n(t) - e^{-t^2/2}| \leqslant 16L_n|t|^3 e^{-t^2/3}.$$

证明 我们先假设 $|t| \geqslant \frac{1}{2}L_n^{-1/3}$. 那么 $8L_n|t|^3 \geqslant 1$ 且可证

$$|f_n(t)|^2 \leqslant e^{-2t^2/3}. \tag{6}$$

由此推得

$$|f_n(t) - e^{-t^2/2}| \leqslant |f_n(t)| + e^{-t^2/2} \leqslant 2e^{-t^2/3} \leqslant 16L_n|t|^3 e^{-t^2/3}.$$

记 $v_j(t) = Ee^{itX_j} \ (j=1,\cdots,n)$. 定义对称 r.v. $\tilde{X}_j = X_j - Y_j$, 其中 Y_j 是和 X_j 独立同分布 (i.i.d)r.v. 那么 $\tilde{X}_j$ 有 c.f. $|v_j(t)|^2$, 方差 $2\sigma_j^2$. 此外, $E|\tilde{X}_j|^3 \leqslant 8E|X_j|^3$,

$$|v_j(t)|^2 \leqslant 1 - \sigma_j^2 t^2 + \frac{4}{3}|t|^3 E|X_j|^3$$

$$\leqslant \exp\left\{-\sigma_j^2 t^2 + \frac{4}{3}|t|^3 E|X_j|^3\right\}.$$

因此在区间 $|t| \leqslant \frac{1}{4L_n}$ 里我们有估计

$$|f_n(t)|^2 = \prod_{j=1}^n \left|v_j\left(\frac{t}{\sqrt{B_n}}\right)\right|^2 \leqslant \exp\left\{-t^2 + \frac{4}{3}L_n|t|^3\right\} \leqslant \exp\left\{-\frac{2}{3}t^2\right\},$$

(6) 式得证.

现在我们假设 $|t| > \frac{1}{4L_n}$ 且 $|t| < \frac{1}{2}L_n^{-1/3}$. 对于 $j = 1, \cdots, n$, 我们有

$$\frac{\sigma_j}{\sqrt{B_n}}|t| \leqslant \frac{(E|X_j|^3)^{1/3}}{\sqrt{B_n}}|t| < L_n^{1/3}|t| < \frac{1}{2}, \quad v_j\left(\frac{t}{\sqrt{B_n}}\right) = 1 - r_j,$$

其中

$$r_j = \frac{\sigma_j^2 t^2}{2B_n} + \theta_j \frac{E|X_j|^3}{6B_n^{3/2}}|t|^3, \quad |\theta_j| \leqslant 1.$$

因此 $|r_j| < \frac{1}{6}$ 且

$$|r_j|^2 \leqslant 2\left(\frac{\sigma_j^2 t^2}{2B_n}\right)^2 + 2\left(\frac{E|X_j|^3}{6B_n^{3/2}}|t|^3\right)^2 \leqslant \frac{E|X_j|^3}{3B_n^{3/2}}|t|^3.$$

所以

$$\operatorname{Log} v_j\left(\frac{t}{\sqrt{B_n}}\right) = -\frac{\sigma_j^2 t^2}{2B_n} + \theta_j' \frac{E|X_j|^3}{2B_n^{3/2}}|t|^3, \quad |\theta_j'| \leqslant 1,$$

$$\operatorname{Log} f_n(t) = -\frac{t^2}{2} + \theta \frac{L_n}{2}|t|^3, \quad |\theta| \leqslant 1.$$

利用不等式 $L_n|t|^3 < \frac{1}{8}$, 可推得 $\exp\left\{\frac{1}{2}L_n|t|^3\right\} < 2$. 于是

$$|f_n(t) - e^{-t^2/2}| \leqslant e^{-t^2/2}\left|e^{\frac{\theta}{2}L_n|t|^2} - 1\right| \leqslant \frac{L_n}{2}|t|^3 \exp\left\{-\frac{t^2}{2} + \frac{L_n}{2}|t|^3\right\}$$

$$\leqslant L_n|t|^3 e^{-t^2/2}.$$

$4.$ 两个分布函数差的估计

4.1 (一般情形)

4.1a(Berry-Esseen) 相应的特征函数的差的估计.

令 $F(x)$ 为一非降有界函数, $G(x)$ 为一有界变差的实函数; 假设 $F(-\infty) = G(-\infty)$. 令

$$f(t) = \int e^{itx} dF(x), \quad g(t) = \int e^{itx} dG(x),$$

且 T 为任意正常数. 那么对任意的 $b > \frac{1}{2\pi}$ 我们得到

$$\sup_{-\infty < x < \infty} |F(x) - G(x)| \leqslant b \int_{-T}^{T} \left| \frac{f(t) - g(t)}{t} \right| dt$$

$$+ 2bT \sup_{-\infty < x < \infty} \int_{|y| \leqslant c(b)/T} |G(x+y) - G(x)| dy,$$

其中 $c(b)$ 为仅和 b 有关的正常数, 我们可令它为下列方程的根,

$$\int_{0}^{c(b)/2} \frac{\sin^2 x}{x^2} dx = \frac{\pi}{4} + \frac{1}{8b}.$$

证明 注意到 $w(x) = \frac{\sin^2 x}{\pi x^2}$ 为一概率密度函数且如果 $|t| < 1$, 则相应的 c.f. 为 $h(t) = (1 - |t|)$. 否则, c.f. 为 0. 令 $\tilde{F}$ (或 $\tilde{G}$) 为 Tw(或 Tx) 和 F(或 G, 相应地) 的卷积, 那么, 我们有

$$\tilde{F}(x) - \tilde{G}(x) = \frac{1}{2\pi} \int_{-\infty}^{\infty} e^{-itx} \frac{f(t) - g(t)}{-it} h(t/T) dt.$$

由此推得

$$\sup_x |\tilde{F}(x) - \tilde{G}(x)| \leqslant \frac{1}{2\pi} \int_{-T}^{T} \frac{|f(t) - g(t)|}{|t|} dt. \tag{7}$$

另一方面，我们有

$$\tilde{F}(x) - \tilde{G}(x) = \int_{-\infty}^{\infty} w(y)[F(x-y/T) - G(x-y/T)]dy.$$

令 $\Delta = \sup_x |F(x) - G(x)|$. 存在着 x_0 使得或者 $F(x_0) - G(x_0 \pm 0) = \Delta$ 或者 $G(x_0 \pm 0) - F(x_0 - 0) = \Delta$. 我们先考虑第一种情形.

$$\tilde{F}\left(x_0 + \frac{c(b)}{2T}\right) - \tilde{G}\left(x_0 + \frac{c(b)}{2T}\right) = \int_{-\infty}^{\infty} w(y)\left[F\left(x_0 - \frac{y - c(b)/2}{T}\right)\right.$$

$$\left. -G\left(x_0 - \frac{y - c(b)/2}{T}\right)\right]dy$$

$$\geqslant \int_{|y|<c(b)/2} w(y)\left[F\left(x_0 - \frac{y - c(b)/2}{T}\right) - G\left(x_0 - \frac{y - c(b)/2}{T}\right)\right]dy$$

$$-\Delta \int_{|y|>c(b)/2} w(y)dy$$

$$\geqslant -\int_{|y|<c(b)/2} \pi^{-1}\left|G(x_0 \pm 0) - G\left(x_0 - \frac{y - c(b)/2}{T}\right)\right|dy$$

$$+\Delta\left(1 - 2\int_{|y|>c(b)/2} w(y)dy\right)$$

$$\geqslant \frac{\Delta}{2\pi b} - \pi^{-1}T\sup_x \int_{|y|<c(b)/T} |G(x) - G(x-y)|dy.$$

把上式代入 (7) 即得 Berry-Esseen 不等式.

第二部分的证明是类似的, 略.

注 根据这个不等式, 可以用来建立独立 r.v. 和的 d.f. 的正态逼近的收敛速度和独立 r.v. 和的 d.f. 的 Edgeworth 展开.

4.1b(Bai) 相应的 Stieltjes 变换差的估计.

对于定义在实直线上的有界变差函数 $G(x)$, 定义它的 Stieltjes 变换如下

$$m_G(z) = \int \frac{1}{x-z}dG(x),$$

其中 $z = u + \mathrm{i}v$ 是一个复变量, $v > 0$. 令 $F(x)$ 为一 d.f. 满足 $\int |F(x) - G(x)|dx <$

∞. 则

$$\sup_{-\infty < x < \infty} |F(x) - G(x)| \leqslant \frac{1}{(2\gamma - 1)\pi} \left\{ \int |m_F(z) - m_G(z)| du \right.$$

$$\left. + \frac{1}{v} \sup_{-\infty < x < \infty} \int_{|y| \leqslant 2va} |G(x + y) - G(x)| dy \right\},$$

其中 $\gamma > 1/2$ 定义为

$$\gamma = \frac{1}{\pi} \int_{|x| < a} \frac{1}{1 + x^2} dx.$$

证明

$$\pi^{-1} \int |m_F(z) - m_G(z)| du \geqslant \pi^{-1} \int_{-\infty}^{x} \text{Im}(m_F(z) - m_G(z)) du$$

$$= \pi^{-1} \int_{-\infty}^{x} \int_{-\infty}^{\infty} \frac{v}{(u-y)^2 + v^2} d(F(y) - G(y)) du$$

$$= \pi^{-1} \int_{-\infty}^{\infty} \int_{-\infty}^{(x-y)/v} \frac{1}{u^2 + 1} d(F(y) - G(y)) du$$

$$= \pi^{-1} \int_{-\infty}^{\infty} \int_{-\infty}^{x-uv} \frac{1}{u^2 + 1} d(F(y) - G(y)) du$$

$$= \pi^{-1} \int_{-\infty}^{\infty} \frac{F(x - uv) - G(x - uv)}{u^2 + 1} du$$

$$\geqslant \pi^{-1} \int_{|u| < a} \frac{F(x - uv) - G(x - uv)}{u^2 + 1} du - \Delta(1 - \gamma)$$

$$\geqslant \gamma[F(x - av) - G(x - av)] - \pi^{-1} \int_{|u| < a} \frac{G(x - av) - G(x - uv)}{u^2 + 1} du - \Delta(1 - \gamma)$$

$$\geqslant \gamma[F(x - av) - G(x - av)] - \pi^{-1} \sup_{x} \int_{|u| < 2a} |G(x) - G(x - u)| du - \Delta(1 - \gamma).$$

因此，我们得到

$$\sup_{x} \gamma[F(x) - G(x)] - \Delta(1 - \gamma)$$

$$\leqslant \pi^{-1} \int |m_F(z) - m_G(z)| du - \pi^{-1} \sup_x \int_{|u|<2a} |G(x) - G(x-u)| du. \quad (8)$$

同理, 我们有

$$\pi^{-1} \int |m_F(z) - m_G(z)| du \geqslant \pi^{-1} \int_{-\infty}^{x} \mathrm{Im}(m_G(z) - m_F(z)) du$$

$$\geqslant \gamma[G(x+av) - F(x+av)] - \pi^{-1} \sup_x \int_{|u|<2a} |G(x) - G(x-u)| du - \Delta(1-\gamma).$$

所以

$$\sup_x \gamma[G(x) - F(x)] - \Delta(1-\gamma)$$

$$\leqslant \pi^{-1} \int |m_F(z) - m_G(z)| du - \pi^{-1} \sup_x \int_{|u|<2a} |G(x) - G(x-u)| du. \quad (9)$$

结合 (8) 和 (9), 我们得

$$\Delta(2\gamma - 1) \leqslant \pi^{-1} \int |m_F(z) - m_G(z)| du - \pi^{-1} \sup_x \int_{|u|<2a} |G(x) - G(x-u)| du.$$

所要不等式得证.

注 这个不等式可用来建立大维数随机矩阵的经验谱分布的收敛速度.

4.2 (独立和的分布函数的正态逼近)

4.2a(Esseen 和 Berry-Esseen 不等式) 令 $X_1, \cdots, X_n$ 为独立 r.v., 满足 $EX_j = 0$, $E|X_j| < \infty$, $j = 1, \cdots, n$. 令

$$\sigma_j^2 = EX_j^2, \quad B_n = \sum_{j=1}^{n} \sigma_j^2, \quad F_n(x) = P\left(B_n^{-1/2} \sum_{j=1}^{n} x_j < x\right),$$

$$L_n = B_n^{-3/2} \sum_{j=1}^{n} E|X_j|^3.$$

那么存在着一个常数 $A_1 > 0$ 使得

$$\Delta_n \equiv \sup_{-\infty < x < \infty} |F_n(x) - \Phi(x)| \leqslant A_1 L_n$$

(Esseen 不等式). 特别地, 如果 $X_1, \cdots, X_n$ 是 i.i.d. 且记 $\sigma^2 = EX_1^2, \rho = E|X_1|^3/\sigma^3$, 那么存在着常数 $A_2 > 0$ 使得

$$\Delta_n \leqslant A_2\rho/\sqrt{n}$$

(Berry-Esseen 不等式).

注 此处 $A_1 \leqslant 0.7915, A_2 \leqslant 0.7655$.

证明 分布 $F_n(x)$ 和 $\Phi(x)$ 满足 4.1a 的条件, 且 $\sup_x |\Phi'(x)| \leqslant 1/\sqrt{2\pi}$. 令 $b = 1/\pi, T = 1/(4L_n)$, 我们可得

$$\Delta_n \leqslant \frac{1}{\pi} \int_{|t| \leqslant 1/(4L_n)} \left| \frac{f_n(t) - e^{-t^2/2}}{t} \right| dt + \frac{1}{4\pi L_n} \int_{|y| \leqslant 4L_n c(1/\pi)} \frac{1}{\sqrt{2\pi}} |y| dy.$$

利用 3.3, 即得 Esseen 不等式.

4.2b(Berry-Esseen 不等式的推广) 令 $X_1, \cdots, X_n$ 为 i.i.d.r.v. 且 $EX_1 = 0, EX_1^2 = \sigma^2$. 那么存在着常数 $c_1, c_2 > 0$ 使得

$$\left\| P\left\{ \frac{1}{\sigma\sqrt{n}} \sum_{j=1}^n X_j < x \right\} - \Phi(x) \right\|_p \leqslant c_1(\delta(n) + n^{-1/2}),$$

$$\left\| P\left\{ \frac{1}{\sigma\sqrt{n}} \sum_{j=1}^n X_j < x \right\} - \Phi(x) \right\|_p + n^{-1/2} \geqslant c_2\delta(n),$$

其中 $\delta(n) = EX_1^2 I(|X_1| \geqslant \sqrt{n}) + n^{-1/2}E|X_1|^3 I(|X_1| \leqslant \sqrt{n}) + n^{-1}EX_1^4 I(|X_1| \leqslant \sqrt{n})$,

$$\|f(x)\|_p = \begin{cases} \sup_{-\infty < x < \infty} |f(x)|, & \text{若 } p = \infty, \\ \\ (\int_{-\infty}^{\infty} |f(x)|^p dx)^{1/p}, & \text{若 } 1 \leqslant p < \infty. \end{cases}$$

证明可参看 Hall (1982).

注 此不等式可推广到不同分布情形.

4.2c(非一致估计) 令 $X_1, \cdots, X_n$ 为独立 r.v. 且满足 4.2a 的条件, 则存在着常数 $C > 0$ 使得

$$|F_n(x) - \Phi(x)| \leqslant C \sum_{i=1}^n E|X_i|^3/(B_n^3(1+|x|^3)).$$

证明可参看 Bikelis (1966).

4.2d(von Bahr, 矩的逼近) 令 $X_1, \cdots, X_n$ 为独立 r.v. 且 $EX_j = 0$, 对某个 $r > 2$, $E|X_j|^r < \infty$, $j = 1, \cdots, n$. 令 $s_n^2 = \sum_{j=1}^n EX_j^2$. 那么存在常数 $M > 0$ 使得

$$|E|S_n/s_n|^r - E|N(0,1)|^r| \leqslant Mn^{-(1 \wedge (r-2))/2}.$$

如果 r 是整数 $\geqslant 4$ (或者 $\geqslant 3$, 对于 i.i.d. 情形), 那么绝对矩可用矩来代替.

证明可参看 von Bahr 的文章 (1965).

4.3 (Stein-Chen)

这是一个对独立或者弱相依的整值 r.v. 的和的 Poisson 逼近建立收敛速度的方法.

作为一个例子, 我们考虑下面的独立情形. 令 $e_1, \cdots, e_n$ 为独立 r.v. 且 $P(e_j = 1) = p_j, P(e_j = 0) = q_j = 1 - p_j, j = 1, \cdots, n$. 令 $S_n = \sum_{j=1}^n e_j$. 用 $\mathcal{L}_{S_n}$ 表示 S_n 的分布, 用 P_λ 表示 Poisson 分布, 其参数为 $\lambda = \sum_{i=1}^n p_i$. 令 $\mathbf{Z}^+$ 为非负整数的全体. 那么 $\mathcal{L}_{S_n}$ 和 P_λ 之间的全变差距离满足

$$d_{TV}(\mathcal{L}_{S_n}, P_\lambda) \equiv \sup\{|\mathcal{L}_{S_n}(A) - P_\lambda(A)| : A \subset \mathbf{Z}^+\} \leqslant (1 \wedge \lambda^{-1}) \sum_{j=1}^n p_j^2.$$

证明 对于任意的 $A \subset \mathbf{Z}^+$, 令函数 $g = g_{\lambda, A} : \mathbf{Z}^+ \to \mathbf{R}$ 为下列微分方程的解:

$$\lambda g(j+1) - jg(j) = I_A(j) - P_\lambda(A), \quad j \geqslant 0. \tag{10}$$

值 $g(0)$ 是不唯一的, 但这是无关紧要的, 不妨就取作 0. 从 $j = 0$ 开始, (10) 的解容易递归地得到. 用 S_n 代替 j 并且取数学期望, 得到

$$P(S_n \in A) - P_\lambda(A) = E\{\lambda g(S_n + 1) - S_n g(S_n)\}. \tag{11}$$

因此, 如果 (11) 的右边对于所有的 $g_{\lambda, A}$ 可以一致地估计出来的话, $\mathcal{L}_{S_n}$ 和 P_λ 之间的全变差也可被估计出来了. 为了达到这一目的, 记

$$E(e_j g(S_n)) = E(e_j g(S_n^j + 1)) = p_j E g(S_n^j + 1),$$

其中 $S_n^j = \sum_{i \neq j} e_i$, 它和 e_j 是独立的. 因此

$$E\{\lambda g(S_n + 1) - S_n g(S_n)\} = \sum_{j=1}^n p_j E\{g(S_n + 1) - g(S_n^j + 1)\},$$

且因除非 $e_j = 1$, S_n 和 S_n^j 是相等的 ($e_j = 1$ 的概率为 p_j), 可得

$$|P(S_n \in A) - P_\lambda(A)| \leqslant \sup_{j \geqslant 1} |g_{\lambda,A}(j+1) - g_{\lambda,A}(j)| \sum_{j=1}^{n} p_j^2. \qquad (12)$$

接下来我们估计上面的不等式中的上确界. 令 $U_m = \{0, 1, \cdots, m\}$. 容易验证 (10) 的解 $g = g_{\lambda,A}$ 可由

$$g(j+1) = \lambda^{-j-1} j! e^\lambda \{P_\lambda(A \bigcap U_j) - P_\lambda(A)P_\lambda(U_j)\}$$
$$= \lambda^{-j-1} j! e^\lambda \{P_\lambda(A \bigcap U_j)P_\lambda(U_j^c) - P_\lambda(A \bigcap U_j^c)P_\lambda(U_j)\}, \ j \geqslant 0 \quad (13)$$

给出. 易知 (10) 的解满足 $g_{\lambda,A} = \sum_{i \in A} g_{\lambda,\{i\}}$. 取 $A = \{i\}$, 从 (13) 可得, 对于 $j < i$, $g(j+1)$ 是负的且关于 j 是递减的; 如果 $j \geqslant i$, $g(j+1)$ 是正的且关于 j 为递减的. 所以仅当 $i = j$ 时, $g_{\lambda,\{i\}}(j+1) - g_{\lambda,\{i\}}(j)$ 取唯一的正值. 因此,

$$g_{\lambda,A}(j+1) - g_{\lambda,A}(j) \leqslant g_{\lambda,\{j\}}(j+1) - g_{\lambda,\{j\}}(j)$$
$$= e^{-\lambda} \lambda^{-1} \left\{ \sum_{r=j+1}^{\infty} (\lambda^r/r!) + \sum_{r=1}^{j} (\lambda^r/r!) \frac{r}{j} \right\}$$
$$\leqslant \lambda^{-1}(1 - e^{-\lambda}).$$

另一方面, 我们有

$$g_{\lambda,A}(j+1) - g_{\lambda,A}(j) \geqslant \sum_{i \geqslant 0, \neq j} g_{\lambda,\{i\}}(j+1) - g_{\lambda,\{i\}}(j)$$
$$= -[g_{\lambda,\{j\}}(j+1) - g_{\lambda,\{j\}}(j)]$$
$$\geqslant -\lambda^{-1}(1 - e^{-\lambda}).$$

结合上面两个不等式, 得到

$$\sup_{j \geqslant 1} |g_{\lambda,A}(j+1) - g_{\lambda,A}(j)| \leqslant \lambda^{-1}(1 - e^{-\lambda}) \leqslant 1 \wedge \lambda^{-1}.$$

把它代入 (12), 即得待证的估计.

5. 随机变量的概率不等式

5.1 (与两个随机变量有关的不等式)

5.1a 对于任意两个 r.v.X 和 Y,

$$P(X + Y \geqslant x) \leqslant P(X \geqslant x/2) + P(Y \geqslant x/2),$$

$$P(|X + Y| \geqslant x) \leqslant P(|X| \geqslant x/2) + P(|Y| \geqslant x/2),$$

$$|P(X < x_1, Y < y_1) - P(X < x_2, Y < y_2)|$$

$$\leqslant |P(X < x_1) - P(X < x_2)| + |P(Y < y_1) - P(Y < y_2)|.$$

5.1b 假设 X 和 Y 是独立的. 那么

$$P(X + Y \leqslant x) \geqslant P(X \leqslant x/2)P(Y \leqslant x/2),$$

$$P(|X + Y| \leqslant x) \geqslant P(|X| \leqslant x/2)P(|Y| \leqslant x/2).$$

对于充分大的 $x > 0$,

$$P(|X| > x) \leqslant 2P(|X| > x, |Y| < x/2) \leqslant 2P(|X + Y| > x/2).$$

5.2

令 $\{X_n, n \geqslant 1\}$ 和 $\{Y_n, n \geqslant 1\}$ 为两个 r.v. 序列, 满足 (i) 对于所有的 $n \geqslant 1$, X_n 和 $(Y_1, \cdots, Y_n)$ 是独立的; 或者 (ii) 对于所有的 $n \geqslant 1$, X_n 和 $(Y_n, Y_{n+1}, \cdots)$ 是独立的. 那么对任意的常数 $\varepsilon_n, \delta_n, \varepsilon$ 和 δ,

$$P\left\{ \bigcup_{n=1}^{\infty} (X_n + Y_n > \varepsilon_n) \right\} \geqslant P\left\{ \bigcup_{n=1}^{\infty} (X_n > \varepsilon_n + \delta_n) \right\} \inf_{n \geqslant 1} P\{Y_n \geqslant -\delta_n\},$$

$$P\left\{ \overline{\lim_{n \to \infty}} (X_n + Y_n) \geqslant \varepsilon \right\} \geqslant P\left\{ \overline{\lim_{n \to \infty}} X_n > \varepsilon + \delta \right\} \underline{\lim_{n \to \infty}} P\{Y_n \geqslant -\delta\}.$$

证明 令 $A_n = \{X_n > \varepsilon_n + \delta_n\}$, $B_n = \{Y_n \geq -\delta_n\}$. 由 1.5c, 对 $m \geq 1$,

$$P\left\{\bigcup_{n=m}^{\infty}(X_n + Y_n > \varepsilon_n)\right\} \geq P\left\{\bigcup_{n=m}^{\infty} A_n B_n\right\} \geq P\left\{\bigcup_{n=m}^{\infty} A_n\right\} \inf_{n \geq m} P(B_n).$$

令 $m = 1$, 得第一个不等式. 令 $m \to \infty$ 且 $\varepsilon_n \equiv \varepsilon, \delta_n \equiv \delta$, 得第二个不等式.

下面的不等式都是和 $S_n = \sum_{j=1}^{n} X_j$ 有关的.

5.3 (对称化不等式)

令 X 和 X' 为 i.i.d.r.v., $X^s = X - X'$, mX 为 X 的中位数, 它是满足 $P(X \geq mX) \geq \frac{1}{2} \leq P(X \leq mX)$ 的数.

5.3a(弱对称不等式) 对任意的 x 和 a,

$$\frac{1}{2}P(X - mX \geq x) \leq P(X^s \geq x),$$

$$\frac{1}{2}P(|X - mX| \geq x) \leq P(|X^s| \geq x) \leq 2P(|X - a| \geq x/2).$$

证明

$$
\begin{aligned}
P(X^s \geq x) &= P\{(X - mX) - (X' - mX') \geq x\} \\
&\geq P\{X - mX \geq x, X' - mX' \leq 0\} \\
&= P(X - mX \geq x)P(X' - mX' \leq 0) \\
&\geq \frac{1}{2}P(X - mX \geq x).
\end{aligned}
$$

这就证明了第一个不等式. 在这个不等式里用 $-X$ 代替 X, 可得第二个不等式的左边, 右边的部分可从下式得到

$$
\begin{aligned}
P(|X^s| \geq x) &= P\{|(X - a) - (X' - a)| \geq x\} \\
&\leq P\left(|X - a| \geq \frac{x}{2}\right) + P\left(|X' - a| \geq \frac{x}{2}\right) \\
&= 2P\left(|X - a| \geq \frac{x}{2}\right).
\end{aligned}
$$

5.3b(对称化不等式) 令 $\{X_n, n \geq 1\}$ 为一 r.v. 序列. 那么对任意的 $x > 0$

和任意的常数序列 $\{c_n,\ n \geqslant 1\}$,

$$\frac{1}{2}P\Big\{\sup_{n\geqslant 1}(X_n - mX_n) \geqslant x\Big\} \leqslant P\Big\{\sup_{n\geqslant 1} X_n^s \geqslant x\Big\},$$

$$\frac{1}{2}P\Big\{\sup_{n\geqslant 1}|X_n - mX_n| \geqslant x\Big\} \leqslant P\Big\{\sup_{n\geqslant 1}|X_n^s| \geqslant x\Big\}$$

$$\leqslant 2P\Big\{\sup_{n\geqslant 1}|X_n - c_n| \geqslant x/2\Big\}.$$

证明 令 $X_n^s = X_n - X_n'$. 记事件

$$A_n = \{X_n - mX_n \geqslant x\}, \quad B_n = \{X_n' - mX_n' \leqslant 0\}, \quad C_n = \{X_n^s \geqslant x\},$$

我们有 $A_n B_n \subset C_n$. 利用 1.5c, 并注意到 $\inf_n P(B_n) \geqslant \frac{1}{2}$, 我们得到第一个不等式. 类似于 5.3a 的证明, 我们可以得到第二个不等式.

5.4 (Lévy 不等式)

令 $X_1, \cdots, X_n$ 为独立 r.v., $x > 0$.

5.4a $\quad P\Big\{\max_{1\leqslant j\leqslant n}(S_j - m(S_j - S_n)) \geqslant x\Big\} \leqslant 2P(S_n \geqslant x).$

5.4b $\quad P\Big\{\max_{1\leqslant j\leqslant n}|S_j - m(S_j - S_n)| \geqslant x\Big\} \leqslant 2P(|S_n| \geqslant x).$

证明 令 $S_0 = 0$, $S_k^* = \max\limits_{1\leqslant j\leqslant k}(S_j - m(S_j - S_n))$ 和

$$A_k = \{S_{k-1}^* < x,\ S_k - m(S_k - S_n) \geqslant x\},$$

$$B_k = \{S_n - S_k - m(S_n - S_k) \geqslant 0\}.$$

易知 $m(S_n - S_k) = -m(S_k - S_n)$. 那么

$$P(S_n \geqslant x) \geqslant P\left(\bigcup_{k=1}^{n} A_k B_k\right) = \sum_{k=1}^{n} P(A_k B_k)$$

$$= \sum_{k=1}^{n} P(A_k)P(B_k) \geqslant \frac{1}{2}\sum_{k=1}^{n} P(A_k) = \frac{1}{2}P(S_n^* \geqslant x).$$

5.4a 得证. 把 X_j 改写为 $-X_j$, $1 \leqslant j \leqslant n$, 可得类似的不等式. 将后者与 5.4a 相加, 可得 5.4b.

在极限定理中, Lévy 不等式最大的用处是下面的推论.

5.4c(Lévy 不等式的推论) 假设 $EX_j = 0$, $EX_j^2 < \infty$, $j = 1, \cdots, n$. 令 $B_n = \sum_{j=1}^{n} EX_j^2$. 那么

$$P\Big\{ \max_{1 \leqslant j \leqslant n} S_j \geqslant x \Big\} \leqslant 2P(S_n \geqslant x - \sqrt{2B_n}). \tag{14}$$

证明 由 Chebyshev 不等式 (参看 6.1c), 对于 $j \leqslant n$,

$$P(|S_j - S_n| \leqslant \sqrt{2ES_n^2}) \geqslant \frac{1}{2}.$$

由此推出 $|m(S_j - S_n)| \leqslant \sqrt{2ES_n^2}$. 因此由 5.4a 推得 5.4c.

注 与在 6.1e 中提到的一样, 不等式 $|m(S_j - S_n)| \leqslant \sqrt{2ES_n^2}$ 能够改进为 $|m(S_j - S_n)| \leqslant \sqrt{ES_n^2}$. 因此, (14) 可以改进为

$$P\Big\{ \max_{1 \leqslant j \leqslant n} S_j \geqslant x \Big\} \leqslant 2P(S_n \geqslant x - \sqrt{B_n}).$$

这个不等式经常被用来证明强大数定律.

5.5 (Bickel)

令 $X_1, \cdots, X_n$ 为独立对称的 r.v., $c_1 \geqslant c_2 \geqslant \cdots \geqslant c_n \geqslant 0$ 为常数. 又令 $g(x)$ 为非负凸函数[①]. 定义

$$G_k = \sum_{j=1}^{k-1} (c_j - c_{j+1})g(S_j) + c_k g(S_k), \quad k = 1, \cdots, n.$$

那么对任意的 $x > 0$,

$$P\Big\{ \max_{1 \leqslant j \leqslant n} c_j g(S_j) \geqslant x \Big\} \leqslant 2P \qquad (G_n \geqslant x).$$

证明 首先, 我们证明对任意的 $0 \leqslant r \leqslant n - 1$ 和任意的实数 a,

$$P\Bigg\{ \sum_{j=1}^{n-r} (c_{r+j} - c_{r+j+1})g(S_j + a) - c_{r+1}g(a) < 0 \Bigg\} \leqslant \frac{1}{2} \quad (c_{n+1} = 0). \tag{15}$$

---

[0][①]在区间 $J \subset R^1$ 上的一个有限实函数 g 被称为在 J 上是凸的, 如果对于任意的 $x_1, x_2 \in J$ 和 $\lambda \in [0,1]$, 有 $g(\lambda x_1 + (1-\lambda)x_2) \leqslant \lambda g(x_1) + (1-\lambda)g(x_2)$ 成立.

回顾凸函数的下列事实：它是连续的, 且在每一点上都有右导数和左导数. 记 g 的左右导数分别为 g'_+ 和 g'_- . 那么对所有的 x, y, $g(x+y) - g(x) \geqslant yg'_\pm(x)$ 且 $g'_+(x) \geqslant g'_-(x)$. 由此可推得 $yg'_\pm(x+y) \geqslant yg'_\pm(x)$. 因此, 我们可以写

$$\sum_{j=1}^{n-r}(c_{r+j} - c_{r+j+1})g(S_j + a) - c_{r+1}g(a)$$

$$= \sum_{j=1}^{n-r}(c_{r+j} - c_{r+j+1})(g(S_j + a) - g(a))$$

$$\geqslant \sum_{j=1}^{n-r} g'_\pm(a)(c_{n+j} - c_{n+j+1})S_j.$$

所以

$$P\left\{\sum_{j=1}^{n-r}(c_{r+j} - c_{r+j+1})g(S_j + a) - c_{r+1}g(a) < 0\right\}$$

$$\leqslant P\left\{\sum_{j=1}^{n-r} g'_\pm(a)(c_{n+j} - c_{n+j+1})S_j < 0\right\}.$$

由 r.v. 的对称性得证 (15).

令 $T = \min\{k \leqslant n : G_k \geqslant x\}$, 如果没有这样的 k 存在, 则令 $T = n+1$. 那么, 因为 $g \geqslant 0$, 可得 $G_k \geqslant c_k g(S_k)$. 因此

$$P\left\{\max_{1\leqslant j\leqslant n} c_j g(S_j) \geqslant x\right\} \leqslant P\left\{\max_{1\leqslant j\leqslant n} G_j \geqslant x\right\}$$

$$= \sum_{k=1}^{n}(P\{T=k, G_n - G_T \geqslant 0\} + P\{T=k, G_n - G_T < 0\})$$

$$\leqslant P(G_n \geqslant x) + \sum_{k=1}^{n} P\{T=k, G_n - G_T < 0\}.$$

但是, 利用 X_j, $j = 1, \cdots, n$ 的独立性和 (15),

$$P\{T=k, G_n - G_T < 0\} = \int_{\{T=k\}} P\{G_n - G_k < 0 | X_1, \cdots, X_k\}dP$$

$$\leqslant \int_{\{T=k\}} P\left\{\sum_{j=k+1}^{n}(c_j-c_{j+1})g(S_j)-c_{k+1}g(S_k)<0|X_1,\cdots,X_k\right\}dP$$

$$\leqslant \frac{1}{2}P\,(T=k).$$

Bickel 不等式从上面两个不等式即可推得.

5.6 (部分和尾概率的上界)

令 $X_1,\cdots,X_n$ 为独立对称 r.v. 那么对任意的 $1\leqslant p<2$, 存在着常数 $C(p)>0$ 使得

$$\sup_{x>0}x^pP(|S_n|\geqslant x)\leqslant C(p)\sum_{j=1}^{n}\sup_{x>0}x^pP(|X_j|\geqslant x). \tag{16}$$

证明 如果 $\sum_{j=1}^{n}\sup_{x>0}x^pP(|X_j|\geqslant x)=0$ 或者 ∞, 不等式 (16) 是显然的. 否则, 如果 $\sum_{j=1}^{n}\sup_{x>0}x^pP(|X_j|\geqslant x)=a^p\in(0,\infty)$, 我们可以考虑用 $Y_j=X_j/a$ 和 $y=x/a$ 代替 X_j 和 x. 因此, 不失一般性, 可以假设 $\sum_{j=1}^{n}\sup_{x>0}x^pP(|X_j|\geqslant x)=1$. 那么对任意的 $x>0$

$$x^pP(|S_n|\geqslant x)\leqslant 1+x^pP\left\{\left|\sum_{j=1}^{n}X_jI(|X_j|<x)\right|>x\right\}$$

$$\leqslant 1+x^{p-2}E\left(\sum_{j=1}^{n}X_jI(|X_j|<x)\right)^2\leqslant 1+x^{p-2}\sum_{j=1}^{n}X_j^2I(|X_j|<x)$$

$$\leqslant 1+x^{p-2}\int_0^x\sum_{j=1}^{n}P\{|X_j|\geqslant y\}dy^2\leqslant 1+x^{p-2}\int_0^x y^{-p}dy^2=1+\frac{2}{2-p}=C(p).$$

结论得证.

5.7 (部分和尾概率的下界)

5.7a 对任意的 r.v. $X_1,\cdots,X_n$,

$$P\left\{\max_{1\leqslant j\leqslant n}|S_j|\geqslant x\right\}\geqslant P\left\{\max_{1\leqslant j\leqslant n}|X_j|\geqslant 2x\right\}.$$

证明 注意到 $X_j=S_j-S_{j-1}$.

5.7b 对独立对称的 r.v. $X_1, \cdots, X_n$,

$$2P\{|S_n| \geqslant x\} \geqslant P\Big\{\max_{1 \leqslant j \leqslant n} |X_j| \geqslant x\Big\}.$$

证明 令 $\tau = \inf\{j : |X_j| \geqslant x\}$. 我们有

$$P\{|S_n| \geqslant x\} = \sum_{j=1}^{n} P\{|S_n| \geqslant x, \tau = j\}.$$

因为对任意的 $j = 1, \cdots, n$, $(-X_1, \cdots, -X_{j-1}, X_j, -X_{j+1}, \cdots, -X_n)$ 和 $(X_1, \cdots, X_n)$ 都有相同的分布, 且 $\{\tau = j\}$ 仅仅和 $|X_1|, \cdots, |X_j|$ 有关, 我们又有

$$P\{|S_n| \geqslant x\} = \sum_{j=1}^{n} P\{|X_j - T_j| \geqslant x, \tau = j\},$$

其中 $T_j = S_n - X_j, j \leqslant n$. 所以把上面的两个概率等式相加并且注意到 $|S_n| + |X_j - T_j| = |X_j + T_j| + |X_j - T_j| \geqslant 2|X_j|$, 我们得

$$2P(|S_n| \geqslant x) \geqslant \sum_{j=1}^{n} P(\tau = j) = P\Big\{\max_{1 \leqslant j \leqslant n} |X_j| \geqslant x\Big\}.$$

5.8

令 $X_1, \cdots, X_n$ 为独立 r.v.

5.8a(Ottaviani 不等式)

$$P\Big\{\max_{1 \leqslant j \leqslant n} |S_j| \geqslant 2x\Big\} \leqslant \frac{P(|S_n| \geqslant x)}{\min\limits_{1 \leqslant j \leqslant n} P(|S_n - S_j| \leqslant x)}.$$

特别地, 如果对所有的 $j = 1, \cdots, n$ 有 $P(|S_n - S_j| \leqslant x) \geqslant \frac{1}{2}$, 那么

$$P\Big\{\max_{1 \leqslant j \leqslant n} |S_j| \geqslant 2x\Big\} \leqslant 2P(|S_n| \geqslant x).$$

证明 令 $T = \inf\{j : |S_j| \geqslant 2x\}$. 那么, 利用独立性, 我们得到

$$P(|S_n| \geqslant x) \geqslant P\left\{\bigcup_{j=1}^{n}(T = j, |S_n - S_j| < x)\right\} = \sum_{j=1}^{n} P(T = j)P(|S_n - S_j| < x),$$

由此推得待证的不等式.

5.8b(Lévy-Skorohod 不等式) 对任意的 $0 < c < 1$,

$$P\left\{\max_{1\leqslant j\leqslant n} S_j \geqslant x\right\} \leqslant \frac{P(S_n \geqslant cx)}{\min\limits_{1\leqslant j\leqslant n} P(S_n - S_j \geqslant -(1-c)x)}.$$

证明类似于 Ottaviani 不等式的证明.

5.9

令 $X_1, \cdots, X_n$ 为 r.v., 记 $S_0 = 0, S_j = \sum_{k=1}^{j} X_k, M_n = \max\limits_{1\leqslant j\leqslant n} |S_j|, M_n' = \max\limits_{0\leqslant j\leqslant n} (|S_j| \wedge |S_n - S_j|), m_{ijk} = |S_j - S_i| \wedge |S_k - S_j|, L_n = \max\limits_{1\leqslant i\leqslant j\leqslant k\leqslant n} m_{ijk}.$

5.9a

$$P(M_n \geqslant x) \leqslant P(M_n' \geqslant x/2) + P(|S_n| \geqslant x/2),$$

$$P(M_n \geqslant x) \leqslant P(M_n' \geqslant x/4) + P\left(\max_{1\leqslant j\leqslant n} |X_j| \geqslant x/4\right).$$

证明 第一个不等式是由于

$$|S_j| \leqslant \min\{|S_n| + |S_j|, |S_n| + |S_n - S_j|\} = |S_n| + |S_j| \wedge |S_n - S_j|. \tag{17}$$

对于第二个不等式, 我们首先说明

$$M_n \leqslant 3M_n' + \max_{1\leqslant j\leqslant n} |X_j|. \tag{18}$$

记 I 是由满足 $|S_j| \leqslant |S_n - S_j|$ 的 $j, 0 \leqslant j \leqslant n$ 组成的集合. 显然 $0 \in I$. 若 $S_n = 0$, 那么 $M_n = M_n'$, 因此 (18) 自然成立. 所以我们只需考虑 $S_n \neq 0$ 的情形. 此时 $n \notin I$, 所以存在着一个 $j, 0 < j \leqslant n$ 使得 $j-1 \in I$ 且 $j \notin I$. 因此我们有 $|S_{j-1}| \leqslant |S_n - S_{j-1}|, |S_{j-1}| \leqslant M_n'$. 又有 $|S_n - S_j| < |S_j|$ 和 $|S_n - S_j| \leqslant M_n'$. 对这样的 j, 我们有

$$|S_n| \leqslant |S_{j-1}| + |X_j| + |S_n - S_j| \leqslant 2M_n' + |X_j|.$$

由此和 (17) 推得 (18).

5.9b 假设存在着 $\gamma \geqslant 0, \alpha > 1$ 和非负数 $u_1, \cdots, u_n$ 使得对任意的 $x > 0$,

$$P(|S_j - S_i| \geqslant x) \leqslant \left(\sum_{i<l\leqslant j} u_l\right)^{\alpha}/x^{\gamma}, \qquad 0 \leqslant i < j \leqslant n.$$

那么存在着一个仅依赖于 γ 和 α 的常数 $K_{\gamma,\alpha}$ 使得

$$P(M_n \geqslant x) \leqslant K_{\gamma,\alpha} \left(\sum_{l=1}^{n} u_l \right)^{\alpha} / x^{\gamma}.$$

5.9c 假设存在 $\gamma \geqslant 0, \alpha > 1$ 和非负数 $u_1, \cdots, u_n$ 使得对任意的 $x > 0$,

$$P(m_{ijk} \geqslant x) \leqslant \left(\sum_{i<l\leqslant k} u_l \right)^{\alpha} / x^{2\gamma}, \qquad 0 \leqslant i < j < k \leqslant n.$$

那么存在着仅和 γ 和 α 有关的常数 $K'_{\gamma,\alpha}$ 使得

$$P(L_n \geqslant x) \leqslant K'_{\gamma,\alpha} \left(\sum_{l=1}^{n} u_l \right)^{\alpha} / x^{2\gamma}.$$

5.9b 和 5.9c 的证明可在 Billingsley (1999) (第 2 章, 第 10 节) 中找到.

5.10 (Hoffmann-Jørgensen)

令 $X_1, \cdots, X_n$ 为独立 r.v., 那么对任意的 $s, t > 0$

$$P\left\{ \max_{1\leqslant j\leqslant n} |S_j| \geqslant 3t + s \right\} \leqslant \left(P\left\{ \max_{1\leqslant j\leqslant n} |S_j| \geqslant t \right\} \right)^2 + P\left\{ \max_{1\leqslant j\leqslant n} |X_j| \geqslant s \right\}.$$

如果 r.v. 是对称的, 那么对任意的 $s, t > 0$

$$P\{|S_n| \geqslant 2t + s\} \leqslant 4(P\{|S_n| \geqslant t\})^2 + P\left\{ \max_{1\leqslant j\leqslant n} |X_j| \geqslant s \right\}.$$

证明 令 $\tau = \inf\{k \leqslant n : |S_k| \geqslant t\}$. 那么, 在 $\{\tau = k\}$ 上, 对 $j < k$ 有 $|S_j| \leqslant t$, 对 $j \geqslant k$ 有

$$|S_j| \leqslant t + |X_k| + |S_j - S_k|.$$

因此, 无论哪种情形, 都有

$$\max_{1\leqslant j\leqslant n} |S_j| \leqslant t + \max_{1\leqslant k\leqslant n} |X_k| + \max_{k\leqslant j\leqslant n} |S_j - S_k|.$$

所以, 由独立性,

$$P\left\{ \tau = k, \max_{1\leqslant j\leqslant n} |S_j| \geqslant 3t + s \right\}$$

$$\leqslant P\Big\{\tau = k, \max_{1\leqslant j\leqslant n}|X_j| \geqslant s\Big\} + P\{\tau = k\}P\Big\{\max_{k\leqslant j\leqslant n}|S_j - S_k| \geqslant 2t\Big\}.$$

因为 $\max_{k\leqslant j\leqslant n}|S_j - S_k| \leqslant 2\max_{1\leqslant j\leqslant n}|S_j|$, 对 $k = 1, \cdots, n$ 求和可得第一个不等式.

至于第二个不等式, 因对 $k = 1, \cdots, n$,

$$|S_n| \leqslant |S_{k-1}| + |X_k| + |S_n - S_k|,$$

所以

$$P\{\tau = k, |S_n| \geqslant 2t + s\} \leqslant P\Big\{\tau = k, \max_{1\leqslant j\leqslant n}|X_j| \geqslant s\Big\}$$
$$+ P\{\tau = k\}P\{|S_n - S_k| \geqslant t\}.$$

注意到 $\sum_{k=1}^{n} P\{\tau = k\} = P\Big\{\max_{1\leqslant k\leqslant n}|S_k| \geqslant t\Big\}$, 利用 Lévy 不等式 5.4b 并对 k 求和可得第二个不等式.

5.11 (Shao)

令 $\{X_n\}$ 为独立 r.v. 序列. 假设存在 $\varepsilon > 0$, $0 < \alpha < 1$ 和整数 $p \geqslant 1$ 使得对某个 $x > 0$ 有

$$P\Big\{\max_{1\leqslant k\leqslant p}|S_k| \geqslant \varepsilon x\Big\} \leqslant \alpha,$$

那么

$$P\Big\{\bigcup_{n=0}^{p}\Big(\max_{1\leqslant k\leqslant N}|S_{n+k} - S_n| \leqslant x\Big)\Big\} \leqslant \frac{1}{1-\alpha}P\Big\{\max_{1\leqslant k\leqslant N}|S_k| \leqslant (1+\varepsilon)x\Big\}.$$

证明 令

$$E_p = \Big\{\max_{1\leqslant k\leqslant N}|S_{p+k} - S_p| \leqslant x\Big\},$$
$$E_i = \bigcap_{i<n\leqslant p}\Big\{\max_{1\leqslant k\leqslant N}|S_{n+k} - S_n| > x\Big\}\bigcap\Big\{\max_{1\leqslant k\leqslant N}|S_{i+k} - S_i| \leqslant x\Big\},$$
$$i = p-1, p-2, \cdots, 0.$$

显然

$$\bigcup_{n=0}^{p}\Big\{\max_{1\leqslant k\leqslant N}|S_{n+k} - S_n| \leqslant x\Big\} = \bigcup_{n=0}^{p}E_n$$

$$\subset \left\{ \max_{1\leqslant k\leqslant N} |S_k| < (1+\varepsilon)x \right\} \bigcup \left(\bigcup_{n=1}^{p} \left(E_n \bigcap \left\{ \max_{1\leqslant k\leqslant N} |S_k| \geqslant (1+\varepsilon)x \right\} \right) \right)$$

$$\subset \left\{ \max_{1\leqslant k\leqslant N} |S_k| < (1+\varepsilon)x \right\} \bigcup \left(\bigcup_{n=1}^{p} \left(E_n \bigcap \left\{ \max_{1\leqslant k\leqslant n} |S_k| \geqslant (1+\varepsilon)x \right\} \right) \right)$$

$$\bigcup \left(\bigcup_{n=1}^{p} \left(E_n \bigcap \left\{ \max_{n\leqslant k\leqslant N} |S_k| \geqslant (1+\varepsilon)x \right\} \right) \right)$$

$$\subset \left\{ \max_{1\leqslant k\leqslant N} |S_k| < (1+\varepsilon)x \right\} \bigcup \left(\bigcup_{n=1}^{p} \left(E_n \bigcap \left\{ \max_{1\leqslant k\leqslant n} |S_k| \geqslant (1+\varepsilon)x \right\} \right) \right)$$

$$\bigcup \left(\bigcup_{n=1}^{p} \left(E_n \bigcap \{ |S_n| \geqslant \varepsilon x \} \right) \right)$$

$$\subset \left\{ \max_{1\leqslant k\leqslant N} |S_k| < (1+\varepsilon)x \right\} \bigcup \left(\bigcup_{n=1}^{p} \left(E_n \bigcap \left\{ \max_{1\leqslant k\leqslant n} |S_k| \geqslant \varepsilon x \right\} \right) \right).$$

注意到 E_n 和 $\left\{ \max\limits_{1\leqslant k\leqslant n} |S_k| \geqslant \varepsilon x \right\}$ 是独立的, 我们得到

$$P\left\{ \bigcup_{n=o}^{p} \left(\max_{1\leqslant k\leqslant N} |S_{n+k} - S_n| \leqslant x \right) \right\}$$

$$\leqslant P\left\{ \max_{1\leqslant k\leqslant N} |S_k| \leqslant (1+\varepsilon)x \right\} + \sum_{n=1}^{p} P(E_n) P\left\{ \max_{1\leqslant k\leqslant n} |S_k| \geqslant \varepsilon x \right\}$$

$$\leqslant P\left\{ \max_{1\leqslant k\leqslant N} |S_k| \leqslant (1+\varepsilon)x \right\} + \alpha \sum_{n=1}^{p} P(E_n)$$

$$\leqslant P\left\{ \max_{1\leqslant k\leqslant N} |S_k| \leqslant (1+\varepsilon)x \right\} + \alpha P\left\{ \bigcup_{n=0}^{p} \left(\max_{1\leqslant k\leqslant N} |S_{n+k} - S_n| \leqslant x \right) \right\}.$$

由此即得待证的结论.

5.12 (Mogulskii 极小不等式)

令 $X_1, \cdots, X_n$ 为独立 r.v., $2 \leqslant m \leqslant n$, $x_1, x_2 > 0$. 那么

$$P\left\{ \min_{m\leqslant k\leqslant n} |S_k| \leqslant x_1 \right\} \leqslant P\{ |S_n| \leqslant x_1 + x_2 \} / \min_{m\leqslant k\leqslant n} P\{ |S_m - S_k| \leqslant x_2 \}.$$

证明

$$P\{|S_n| \leqslant x_1 + x_2\} \geqslant \sum_{k=m}^{n} P\left\{ \min_{m \leqslant j \leqslant k-1} |S_j| > x_1, |S_k| \leqslant x_1, |S_n| \leqslant x_1 + x_2 \right\}$$

$$\geqslant \sum_{k=m}^{n} P\left\{ \min_{m \leqslant j \leqslant k-1} |S_j| > x_1, |S_k| \leqslant x_1 \right\} P\{|S_n - S_k| \leqslant x_2\}$$

$$\geqslant P\left\{ \min_{m \leqslant k \leqslant n} |S_k| \leqslant x_1 \right\} \min_{m \leqslant k \leqslant n} P\{|S_n - S_k| \leqslant x_2\}.$$

$6.$ 用矩估计概率的界

令 X 为 r.v., 其 d.f. 为 $F(x)$. 如果 $\int |x| dF(x) < \infty$, 我们说 X 的 (数学) 期望或者均值存在, 记作 EX. 它由下式定义

$$EX = \int x dF(x).$$

令 k 为一正数. 如果 EX^k 和 $E|X|^k$ 存在, 那么我们分别称它们为 k 阶 (原点) 矩和 k 阶绝对 (原点) 矩. 如果 $E(X - EX)^k$ 和 $E|X - EX|^k$ 存在, 那么分别称它们为 k 阶中心矩和 k 阶绝对中心矩. 特别地, 称 $E(X - EX)^2$ 为 X 的方差, 通常记为 $\mathrm{Var} X = E(X - EX)^2$.

令 $(\Omega, \mathcal{F}, P)$ 为概率空间, X 为定义在 Ω 上的 r.v., $\mathcal{A}$ 是 $\mathcal{F}$ 的子 σ 代数. 给定 $\mathcal{A}$, 定义 X 的条件期望, 记为 $E(X|\mathcal{A})$, 它是一个 r.v., 满足:

(i) $E(X|\mathcal{A})$ 关于 $\mathcal{A}$ 是可测的,

(ii) $\int_A E(X|\mathcal{A}) dP = \int_A X dP$ 对所有的 $A \in \mathcal{A}$ 成立.

令 $\{Y_n, n \geqslant 1\}$ 为一列 r.v. 序列, $\{\mathcal{A}_n, n \geqslant 1\}$ 是一递增的子 σ 代数序列. 假设 Y_n 是 $\mathcal{A}_n$ 可测的 (我们说 Y_n 适应于 $\mathcal{A}_n$). 序列 $\{Y_n, \mathcal{A}_n, n \geqslant 1\}$ 称为鞅, 如果对所有的 n,

$$E(Y_{n+1}|\mathcal{A}_n) = Y_n, \qquad \text{a.s.}$$

如果上面等式里的 "=" 被替换为 "$\geqslant$" (相应地, "$\leqslant$"), 我们就称它为下鞅 (相应地, 上鞅). 如果 $\{Y_n, \mathcal{A}_n\}$ 是鞅, 令 $X_n = Y_n - Y_{n-1}$, 称 $\{X_n, n \geqslant 1\}$ 为鞅差序列.

6.1 (Chebyshev-Markov 型不等式)

6.1a(一般形式) 令 X 为 r.v., $g(x) > 0$ 为 R 上的非降函数. 那么对任意的 x,

$$P(X \geqslant x) \leqslant \frac{Eg(X)}{g(x)}. \tag{19}$$

证明 $P(X \geqslant x) \leqslant \int_{\{g(X) \geqslant g(x)\}} dP \leqslant \frac{1}{g(x)} Eg(X) I(g(X) \geqslant g(x)) \leqslant \frac{1}{g(x)} Eg(X).$ （这里和下文中，$I(\cdot)$ 表示括号里的集合的示性函数，也就是说，如果属于这个集合，那么它取值 1; 反之取值 0.）

6.1b(包括下界的不等式)   令 $g(x) > 0$ 为偶函数且在 $[0, \infty]$ 上是非降的. 假设 $Eg(X) < \infty$. 那么对任意的 $x > 0$,

$$\frac{Eg(X) - g(x)}{\text{a.s. sup } g(X)} \leqslant P(|X| \geqslant x) \leqslant \frac{Eg(X)}{g(x)}, \tag{20}$$

其中 $\text{a.s. sup } g(X) = \inf\{t : P(g(X) \geqslant t) = 0\}$.

证明   右边部分即 (19). 左边部分可由下式得到

$$Eg(X) = \int_{\{|X| \geqslant x\}} g(X) dP + \int_{\{|X| < x\}} g(X) dP$$

$$\leqslant \text{a.s. sup } g(X) P(|X| \geqslant x) + g(x).$$

一般形式的两个重要特例是下面的不等式.

6.1c(Chebyshev 不等式)   对任意的 $x > 0$,

$$P(|X - EX| \geqslant x) \leqslant \text{Var}(X)/x^2.$$

6.1d(Markov 不等式)   对任意的 $r > 0$ 和 $x > 0$,

$$P(|X| \geqslant x) \leqslant E|X|^r/x^r.$$

6.1e(Chebyshev 不等式的推广)   令 $\sigma^2 = \text{Var}(X)$. 对任意的 x 和 a,

$$P(X - EX \geqslant x) \leqslant \frac{\sigma^2 + a^2}{(x+a)^2}.$$

取 $a = \sigma^2/x$, 得

$$P(X - EX \geqslant x) \leqslant \frac{\sigma^2}{x^2 + \sigma^2}.$$

此外, 令 $x = \sigma$, 我们得 $P(X \geqslant EX + \sigma) \leqslant 1/2$, 由此推得 $m(X) \leqslant EX + \sigma$. 由对称性, 我们得到 $|EX - m(X)| \leqslant \sigma$.

证明 $P(X - EX \geqslant x) \leqslant \dfrac{E(X-EX+a)^2}{(x+a)^2} = \dfrac{\sigma^2+a^2}{(x+a)^2}.$

6.1f(离散情形) 设 X 为一离散型 r.v., 可能取值为 $1, 2, \cdots$. 假设 $P(X = k)$ 是非增的. 那么

$$P(X = k) < \frac{2}{k^2} EX.$$

证明

$$EX = \sum_{j=1}^{\infty} jP(X = j) \geqslant \sum_{j=1}^{k} jP(X = j) \geqslant \sum_{j=1}^{k} jP(X = k)$$

$$= \frac{k(k+1)}{2} P(X = k) > \frac{k^2}{2} P(X = k).$$

6.2 (下界)

6.2a 如果 $|X| \leqslant 1$, 那么

$$P(|X| \geqslant x) \geqslant EX^2 - x^2.$$

这是 6.1b 中的左边不等式的特例.

6.2b 如果 $X \geqslant 0$, 那么对任意的 $0 < x < 1$,

$$P(X > xEX) \geqslant (1-x)^2 (EX)^2 / EX^2.$$

证明 由 Cauchy-Schwarz 不等式 (即 8.4b),

$$EX = EXI(|X| > xEX) + EXI(|X| \leqslant xEX)$$

$$\leqslant (EX^2 P(X > xEX))^{1/2} + xEX.$$

6.3

如果 $X \geqslant 0$, 那么

$$\sum_{n=1}^{\infty} P(X \geqslant n) \leqslant EX \leqslant \sum_{n=0}^{\infty} P(X \geqslant n).$$

证明 不等式可从下面的等式得到

$$EX = \int_0^{\infty} x \, dP(X < x) = \int_0^{\infty} P(X \geqslant x) \, dx = \sum_{n=0}^{\infty} \int_0^1 P(X \geqslant n+x) \, dx.$$

6.4 (Kolmogorov 型不等式)

令 $X_1, \cdots, X_n$ 为独立 r.v., $EX_j = 0, x > 0$.

6.4a(Kolmogorov 不等式)

$$P\Big\{ \max_{1 \leqslant j \leqslant n} |S_j| \geqslant x \Big\} \leqslant \operatorname{Var}(S_n)/x^2;$$

此外, 如果存在常数 $c > 0$ 使得 $|X_j| \leqslant c, 1 \leqslant j \leqslant n$, 我们又有

$$P\Big\{ \max_{1 \leqslant j \leqslant n} |S_j| \geqslant x \Big\} \geqslant 1 - \frac{(x+c)^2}{\operatorname{Var}(S_n)}.$$

证明 令 $S_0 = 0, A_k = \Big\{ \max_{1 \leqslant j < k} |S_j| < x \leqslant |S_k| \Big\}$. 注意到 $S_k I(A_k)$ 和 $S_n - S_k$ 的独立性, 我们有

$$\int_{A_k} S_n^2 dP = \int_{A_k} (S_k + S_n - S_k)^2 dP = \int_{A_k} S_k^2 dP + \int_{A_k} (S_n - S_k)^2 dP$$

$$\geqslant \int_{A_k} S_k^2 dP \geqslant x^2 P(A_k).$$

关于 $k = 1, \cdots, n$ 求和, 我们得

$$\operatorname{Var}(S_n) \geqslant x^2 P\left(\bigcup_{k=1}^{n} A_k \right) = x^2 P\Big\{ \max_{1 \leqslant j \leqslant n} |S_j| \geqslant x \Big\}.$$

上界部分得证.

考虑 $|X_j| \leqslant c$ 情形. 令 $B_0 = \Omega, B_k = \Big\{ \max_{1 \leqslant j \leqslant k} |S_j| < x \Big\}$. 因为

$$S_{k-1} I(B_{k-1}) + X_k I(B_{k-1}) = S_k I(B_{k-1}) = S_k I(B_k) + S_k I(A_k)$$

且当 $I(B_k)I(A_k) = 0$ 时, $S_{k-1} I(B_{k-1})$ 和 X_k 是独立的, 故有

$$E(S_{k-1} I(B_{k-1}))^2 + EX_k^2 P(B_{k-1}) = E(S_k I(B_k))^2 + E(S_k I(A_k))^2.$$

因为 $P(B_{k-1}) \geqslant P(B_n)$ 且 $|X_k| \leqslant c$, 因此

$$|S_k I(A_k)| \leqslant |S_{k-1} I(A_k)| + |X_k I(A_k)| \leqslant (x+c) I(A_k),$$

推得

$$E(S_{k-1}I(B_{k-1}))^2 + EX_k^2 P(B_n) \leqslant E(S_k I(B_k))^2 + (x+c)^2 P(A_k).$$

对 $k = 1, \cdots, n$ 求和, 我们得

$$\left(\sum_{k=1}^n EX_k^2\right) P(B_n) \leqslant E(S_n I(B_n))^2 + (x+c)^2 P\left(\bigcup_{k=1}^n A_k\right)$$
$$\leqslant x^2 P(B_n) + (x+c)^2 P(B_n^c) \leqslant (x+c)^2,$$

由此得到第二个不等式.

6.4b(广义 Kolmogorov 不等式) 令 $r \geqslant 1$. 记 $A = \left\{ \max\limits_{1 \leqslant j \leqslant n} |S_j| \geqslant x \right\}$. 我们有

$$x^r P\left\{ \max_{1 \leqslant j \leqslant n} |S_j| \geqslant x \right\} \leqslant E|S_n|^r I(A) \leqslant E|S_n|^r.$$

证明 令 $S_0 = 0, A_k = \left\{ \max\limits_{1 \leqslant j \leqslant k} |S_j| < x \leqslant |S_k| \right\}$. 由 8.7 中的矩不等式,

$$E|S_n|^r I(A) = \sum_{k=1}^n E|S_n|^r I(A_k) \geqslant \sum_{k=1}^n E|S_k|^r I(A_k) \geqslant x^r P(A).$$

6.4c(另一个推广)

$$P\left\{ \max_{1 \leqslant j \leqslant n} S_j \geqslant x \right\} \leqslant \mathrm{Var}(S_n)/[x^2 + \mathrm{Var}(S_n)].$$

证明 对任意的 $a > 0$,

$$\int_{A_k} (S_n + a)^2 dP = \int_{A_k} (S_k + a + S_n - S_k)^2 dP$$
$$= \int_{A_k} (S_k + a)^2 dP + \int_{A_k} (S_n - S_k)^2 dP$$
$$\geqslant \int_{A_k} (S_k + a)^2 dP \geqslant (x+a)^2 P(A_k).$$

由此推得

$$P\left\{ \max_{1 \leqslant j \leqslant n} S_j \geqslant x \right\} \leqslant [\mathrm{Var}(S_n) + a^2]/(x+a)^2.$$

取 $a = \operatorname{Var}(S_n)/x$, 即得广义 Kolmogorov 不等式.

6.5 (下鞅情形下 Kolmogorov 不等式的推广)

令 $\{Y_n, \mathcal{A}_n, n \geqslant 1\}$ 为一下鞅, $\quad x > 0$.

6.5a(Doob 不等式)

$$xP\left\{\max_{1 \leqslant j \leqslant n} Y_j \geqslant x\right\} \leqslant \int_{\left\{\max_{1 \leqslant j \leqslant n} Y_j \geqslant x\right\}} Y_n dP \leqslant EY_n^+ \leqslant E|Y_n|.$$

证明 令 $\alpha = \inf\{k \leqslant n : Y_k \geqslant x\}$, 如果没有这样的 k 存在, 则令 α 等于 $n+1$. 显然 Y_α 是一个 r.v., 且 $\{\alpha = k\} \in \mathcal{A}_k$. 此外由下鞅和条件数学期望的定义, 对 $k < n$,

$$\int_{\{\alpha=k\}} Y_k dP \leqslant \int_{\{\alpha=k\}} E(Y_{k+1}|\mathcal{A}_k)dP = \int_{\{\alpha=k\}} Y_{k+1}dP.$$

归纳得到

$$\int_{\{\alpha=k\}} Y_k dP \leqslant \int_{\{\alpha=k\}} Y_n dP.$$

于是

$$xP\left\{\max_{1 \leqslant j \leqslant n} Y_j \geqslant x\right\} \leqslant \int_{\left\{\max_{1 \leqslant j \leqslant n} Y_j \geqslant x\right\}} Y_\alpha dP$$

$$\leqslant \sum_{k=1}^n \int_{\left\{\max_{1 \leqslant j \leqslant n} Y_j \geqslant x, \alpha=k\right\}} Y_k dP = \sum_{k=1}^n \int_{\{\alpha=k\}} Y_k dP$$

$$\leqslant \sum_{k=1}^n \int_{\{\alpha=k\}} Y_n dP = \int_{\left\{\max_{1 \leqslant k \leqslant n} Y_k \geqslant x\right\}} Y_n dP.$$

6.5b

$$xP\left\{\min_{1 \leqslant j \leqslant n} Y_j \leqslant -x\right\} \leqslant E(Y_n - Y_1) - \int_{\left\{\min_{1 \leqslant j \leqslant n} Y_j \leqslant -x\right\}} Y_n dP \leqslant EY_n^+ - EY_1.$$

证明 令 $\beta = \inf\{k \leqslant n : Y_k \leqslant -x\}$, 如果没有这样的 k 存在, 那么令 β 等于 $n+1$. 记

$$A_k = \left\{\min_{1 \leqslant j \leqslant k} Y_j \leqslant -x\right\} = \{\beta \leqslant k\}.$$

β 是一个相对于 $\{\mathcal{A}_n\}$ 的停时. 因此 $\{Y_1, Y_{\beta \wedge n}\}$ 是一个两元下鞅 (参阅 Chung (1974), 定理 9.3.4), 因此

$$EY_1 \leqslant EY_\beta = \int_{\{\beta \leqslant n\}} Y_\beta dP + \int_{A_n^c} Y_n dP$$

$$\leqslant -xP(A_n) + EY_n - \int_{A_n} Y_n dP.$$

6.5c 令 $1 \leqslant m \leqslant n, A_m \in \mathcal{A}_m, A = \left\{ \max\limits_{1 \leqslant j \leqslant n} Y_j \geqslant x \right\}$, 那么

$$xP(A_m A) \leqslant \int_{A_m A} Y_n dP.$$

证明 和 6.5a 相同.

6.5d 如果 $\{Y_n, \mathcal{A}_n, n \geqslant 1\}$ 是鞅, $p \geqslant 1$, 那么对任意的 $x > 0$,

$$x^p P\left\{ \max_{1 \leqslant j \leqslant n} |Y_j| \geqslant x \right\} \leqslant \int_{\left\{ \max\limits_{1 \leqslant j \leqslant n} Y_j \geqslant x \right\}} |Y_n|^p dP \leqslant E|Y_n|^p.$$

证明 把 6.5a 应用到下鞅 $\{|Y_n|^p\}$ 即得证.

6.6 (Rényi-Hájek 型不等式)

这是 Kolmogorov 不等式在加权和情形的一个推广. 我们给出它在下鞅情形的一个结论. 独立情形的结论是显然的.

6.6a(Rényi-Hájek-Chow 不等式) 令 $\{Y_n, \mathcal{A}_n, n \geqslant 1\}$ 为下鞅, r.v. $\tau_j \in \mathcal{A}_{j-1}$, 满足 $\tau_1 \geqslant \tau_2 \geqslant \cdots \tau_n > \tau_{n+1} = 0$ a.s. 那么对任意的 $x > 0$, $1 \leqslant m \leqslant n$,

$$P\left\{ \max_{m \leqslant j \leqslant n} \tau_j Y_j \geqslant x \right\} \leqslant \left\{ E(\tau_m Y_m^+) + \sum_{j=m+1}^{n} E(\tau_j(Y_j^+ - Y_{j-1}^+)) \right\} / x.$$

证明 令 $A_k = \left\{ \max\limits_{m \leqslant j < k} \tau_j |Y_j| < x \leqslant \tau_k |Y_k| \right\}, m \leqslant k \leqslant n$. 类似于 6.5a 的证明, 对于 $k \leqslant j$, 我们有

$$\int_{A_k} \tau_{j+1} Y_j dP \leqslant \int_{A_k} \tau_{j+1} Y_{j+1} dP.$$

因此

$$\int_{A_k} \tau_k Y_k dP = \int_{A_k} (\tau_k - \tau_{k+1}) Y_k dP + \int_{A_k} \tau_{k+1} Y_k dP$$

$$\leqslant \int_{A_k} (\tau_k - \tau_{k+1}) Y_k dP + \int_{A_k} \tau_{k+1} Y_{k+1} dP.$$

重复此过程我们得

$$\int_{A_k} \tau_k Y_k dP \leqslant \int_{A_k} \sum_{j=k}^{n} (\tau_j - \tau_{j+1}) Y_j dP.$$

于是

$$xP\Big\{ \max_{m \leqslant j \leqslant n} \tau_j Y_j \geqslant x \Big\} = x \sum_{k=m}^{n} P(A_k)$$

$$\leqslant \sum_{k=m}^{n} \int_{A_k} \tau_k Y_k dP \leqslant \sum_{k=m}^{n} \sum_{j=k}^{n} \int_{A_k} (\tau_j - \tau_{j+1}) Y_j dP$$

$$\leqslant \sum_{j=m}^{n} \sum_{k=m}^{j} \int_{A_k} (\tau_j - \tau_{j+1}) Y_j^+ dP$$

$$\leqslant \sum_{j=m}^{n} \int_{\{ \max_{m \leqslant k \leqslant j} \tau_k Y_k \geqslant x \}} (\tau_j - \tau_{j+1}) Y_j^+ dP$$

$$\leqslant \sum_{j=m}^{n} E(\tau_j - \tau_{j+1}) Y_j^+$$

$$= E(\tau_m Y_m^+) + \sum_{j=m+1}^{n} E(\tau_j (Y_j^+ - Y_{j-1}^+)).$$

6.6b(一个特例)　令 $\{X_n, n \geqslant 1\}$ 为鞅差序列且 $\sigma_n^2 \equiv EX_n^2 < \infty, n = 1, 2, \cdots$，令常数 $c_1 \geqslant c_2 \geqslant \cdots \geqslant c_n > 0, 1 \leqslant m \leqslant n$. 记 $S_n = \sum_{j=1}^{n} X_j$. 那么对任意的 $x > 0$，

$$P\Big\{ \max_{m \leqslant j \leqslant n} c_j |S_j| \geqslant x \Big\} \leqslant \frac{1}{x^2} \left(c_m^2 \sum_{j=1}^{m} \sigma_j^2 + \sum_{j=m+1}^{n} c_j^2 \sigma_j^2 \right).$$

6.6c(进一步的推广) 令 $Y_1, Y_2, \cdots, Y_n$ 为 r.v., $\mathcal{A}_1, \mathcal{A}_2, \cdots, \mathcal{A}_n$ 为 σ 代数. 假设 Y_j 是适应于 $\mathcal{A}_j$ 的 $(j = 1, 2, \cdots, n)$, 且对于 $1 \leqslant j \leqslant n$,

$$E(|Y_j| | \mathcal{A}_{j-1}) \geqslant a_j |Y_{j-1}|, \quad \text{a.s.}$$

(其中 $Y_0 = 0$), 同时对每一个 j 有 $0 \leqslant a_j \leqslant 1$. 令常数 $c_1 \geqslant c_2 \geqslant \cdots \geqslant c_n > c_{n+1} = 0, r \geqslant 1, 1 \leqslant m \leqslant n$. 那么对任意的 $x > 0$,

$$P\left\{ \max_{m \leqslant j \leqslant n} c_j |Y_j| \geqslant x \right\} \leqslant \sum_{j=m}^{n} (c_j^r - a_{j+1}^r c_{j+1}^r) E|Y_j|^r / x^r$$

$$= \sum_{j=m}^{n} c_j^r (E|Y_j|^r - a_j^r E|Y_{j-1}|^r)/x^r.$$

证明 沿着 6.6a 的证明思路且注意到

$$c_j = \sum_{k=j}^{n} (c_k - a_{k+1} c_{k+1}) \left(\prod_{i=j+1}^{k} a_i \right) \quad \left(\text{这里} \prod_{i=k+1}^{k} a_i = 1 \right),$$

即可证明待证的不等式.

6.6d(没有矩条件的情形) 令 $\{Y_1, \cdots, Y_n\}$ 为鞅差序列, 满足 $EY_j = 0, EY_j^2 < \infty, j = 1, \cdots, n$, $\{Z_1, \cdots, Z_n\}$ 为 r.v. 序列. 记 $X_j = Y_j + Z_j$, 且假设 $c_1 \geqslant c_2 \geqslant \cdots \geqslant c_n > 0, 1 \leqslant m \leqslant n$. 记 $S_n = \sum_{j=1}^{n} X_j$. 那么对任意的 $x > 0$ 和 $0 < \varepsilon < 1$,

$$P\left\{ \max_{m \leqslant j \leqslant n} c_j |S_j| \geqslant x \right\} \leqslant \frac{1}{(1-\varepsilon)^2 x^2} \left(c_m^2 \sum_{j=1}^{m} EY_j^2 + \sum_{j=m+1}^{n} c_j^2 EY_j^2 \right)$$

$$+ 2 \sum_{j=m+1}^{n} P(Z_j \neq 0) + P\left\{ c_n | \sum_{j=1}^{m} Z_j | \geqslant \frac{1}{2} \varepsilon x \right\}.$$

证明 令 $U_n = \sum_{j=1}^{n} Y_j, V_n = \sum_{j=1}^{n} Z_j$. 那么

$$P\left\{ \max_{m \leqslant j \leqslant n} c_j |S_j| \geqslant x \right\} \leqslant P\left\{ \bigcup_{j=m}^{n} (c_j |U_j| \geqslant (1-\varepsilon)x) \right\} + P\left\{ \bigcup_{j=m}^{n} (c_j |V_j| \geqslant \varepsilon x) \right\}.$$

对于右边的第一项, 根据 6.6b, 我们有

$$P\left\{\bigcup_{j=m}^{n}(c_j|U_j| \geqslant (1-\varepsilon)x)\right\} = P\left\{\max_{m\leqslant j\leqslant n} c_j|U_j| \geqslant (1-\varepsilon)x\right\}$$

$$\leqslant \frac{1}{(1-\varepsilon)^2 x^2}\left(c_m^2 \sum_{j=1}^{m} EY_j^2 + \sum_{j=m+1}^{n} c_j^2 EY_j^2\right).$$

对于第二项, 令 $A_j = \{c_j|V_j| \geqslant \varepsilon x\}$, 那么

$$P\left\{\bigcup_{j=m}^{n}(c_j|V_j| \geqslant \varepsilon x)\right\} = P(A_n) + \sum_{j=m}^{n-1} P\left\{\bigcap_{k=j+1}^{n} A_k^c \bigcap A_j\right\},$$

而

$$P\left\{\bigcap_{k=j+1}^{n} A_k^c \bigcap A_j\right\} \leqslant P(Z_{j+1} \neq 0)$$

且

$$P(A_n) \leqslant P\left\{c_n|V_m| \geqslant \frac{1}{2}\varepsilon x\right\} + P\left\{c_n|\sum_{j=m+1}^{n} Z_j| \geqslant \frac{1}{2}\varepsilon x\right\}$$

$$\leqslant P\left\{c_n|V_m| \geqslant \frac{1}{2}\varepsilon x\right\} + \sum_{j=m+1}^{n} P(Z_j \neq 0).$$

结合这些不等式, 即得待证的结论.

6.7 (Chernoff 不等式)

令 $\{X_n, n \geqslant 1\}$ 为 i.i.d.r.v. 序列, $EX_1 = 0$, 矩母函数 $M(t) = Ee^{tX_1}$. 记

$$m(x) = \inf_t e^{-xt} M(t).$$

那么对任意的 $x > 0$,

$$P\{S_n \geqslant nx\} \leqslant m(x)^n,$$

且

$$\lim_{n\to\infty} P^{1/n}\{S_n \geqslant nx\} = m(x). \tag{21}$$

证明 由 6.1a,

$$P\{S_n \geqslant nx\} \leqslant \inf_t e^{-tnx} E e^{tS_n} = (\inf_t e^{-xt} M(t))^n = m(x)^n.$$

第一个不等式得证.

现在, 我们证明第二个结论. 如果对某个 $x_0 > 0$, $P(X_1 \geqslant x_0) = 0$, 那么对所有的 $x \geqslant x_0$, $P(S_n \geqslant nx) = 0$ 且 $m(x) = 0$. 因此 (21) 显然正确. 我们假设 $P(X_1 > x) > 0$ 对所有的 x 成立. 那么, X_1 是非退化的并且容易知道 $R_x(t) \equiv e^{-xt} M(t)$ 在有限值 t 处取到最小值且 $m(x) > 0$. 令 $\tau \equiv \tau(x) = \inf\{t : m(x) = R_x(t)\}$. 记 $F(y) = P(X_1 - x < y)$ 并且定义

$$G(z) = \int_{-\infty}^z e^{\tau y} dF(y)/m(x).$$

这是某个 r.v. 的 d.f., 比方说 Z. 令 $\xi(t)$ 表示 Z 的矩母函数. 那么

$$\xi(t) = \int e^{tu} dG(u) = R_x(\tau + t)/m(x).$$

因此由 τ 的定义, $EZ = \xi'(t)|_{t=0} = m'(\tau)/m(x) = 0$. 此外, 因为 X_1 是非退化的, $\sigma^2 \equiv \text{Var} Z > 0$. 令 $Z_1, Z_2, \cdots$ 为 i.i.d.r.v. 序列, 共同的 d.f. 为 $G(\cdot)$. 记

$$U_n = \frac{1}{\sigma\sqrt{n}} \sum_{j=1}^n Z_j \quad 和 \quad H_n(x) = P(U_n < x).$$

由中心极限定理, $\lim_{n \to \infty} H_n(x) = \Phi(x)$. 于是对任意的 $\varepsilon > 0$,

$$\begin{aligned}
P\{S_n \geqslant nx\} &= P\left\{\sum_{j=1}^n (X_j - x) \geqslant 0\right\} \\
&= \int \cdots \int_{y_1 + \cdots + y_n \geqslant 0} dF(y_1) \cdots dF(y_n) \\
&= m(x)^n \int \cdots \int_{z_1 + \cdots + z_n \geqslant 0} e^{-\tau(z_1 + \cdots + z_n)} dG(z_1) \cdots dG(z_n) \\
&= m(x)^n \int_0^\infty e^{-\sqrt{n}\sigma\tau u} dH_n(u)
\end{aligned}$$

$$= m(x)^n \sqrt{n}\sigma\tau \int_0^\infty e^{-\sqrt{n}\sigma\tau u}(H_n(u) - H_n(0))du$$

$$\geqslant m(x)^n \sqrt{n}\sigma\tau \int_\varepsilon^\infty e^{-\sqrt{n}\sigma\tau u}(H_n(u) - H_n(0))du$$

$$\geqslant m(x)^n (H_n(\varepsilon) - H_n(0))\sqrt{n}\sigma\tau \int_\varepsilon^\infty e^{-\sqrt{n}\sigma\tau u}du$$

$$= m(x)^n (H_n(\varepsilon) - H_n(0))e^{-\sqrt{n}\sigma\tau\varepsilon}.$$

由此推得

$$\liminf_{n\to\infty}(n^{-1/2}\log(m(x)^{-n}P\{S_n \geqslant nx\})) \geqslant -\sigma\tau\varepsilon.$$

由 ε 的任意性, 得 $n^{-1/2}\log(m(x)^{-n}P\{S_n \geqslant nx\}) = o(1)$, 推得

$$\frac{1}{n}\log P\{S_n \geqslant nx\} = \log m(x) + o(1),$$

第二个结论得证.

注 从证明过程中我们可以看出一个更精确的结果: 存在着正常数 $b_1, b_2, \cdots$, 满足 $\log b_n = O(1)$, 使得

$$P\{S_n \geqslant nx\} = \frac{b_n}{(2\pi n)^{1/2}}m(x)^n(1 + o(1))$$

(参看 Bahadur 和 Rao 1960).

6.8 (Fuk 和 Nagaev)

令 $X_j, j = 1, \cdots, n$ 为独立 r.v., 其 d.f. 为 $F_j(x), j = 1, \cdots, n$. 令 $x, y_1, \cdots, y_n$ 为正数. 记 $\eta = (y_1, \cdots, y_n), y = \max(y_1, \cdots, y_n)$,

$$A(r, \eta) = \sum_{j=1}^n \int_{|u|\leqslant y_j} |u|^r dF_j(u),$$

其中 $0 < r \leqslant 1$. 那么

$$P(S_n \geqslant x) \leqslant \sum_{j=1}^n P(|X_j| \geqslant y_j) + \exp\left\{\frac{x}{y} - \frac{x}{y}\log\left(\frac{xy^{r-1}}{A(r, \eta)} + 1\right)\right\}.$$

如果 $xy^{r-1} > A(r, \eta)$, 则有

$$P(|S_n| \geqslant x) \leqslant \sum_{j=1}^{n} P(|X_j| \geqslant y_j) + \exp\left\{\frac{x}{y} - \frac{A(r,\eta)}{y^r} - \frac{x}{y}\log\left(\frac{xy^{r-1}}{A(r,\eta)}\right)\right\}.$$

证明 记

$$\bar{X}_j = \begin{cases} X_j, & \text{若 } |X_j| \leqslant y_j, \\ 0, & \text{否则}, \end{cases} \quad j = 1, \cdots, n,$$

$$\bar{S}_n = \sum_{j=1}^{n} \bar{X}_j.$$

显然, 对任意的 $t > 0$,

$$P(|S_n| \geqslant x) \leqslant P(\bar{S}_n \neq S_n) + P(|\bar{S}_n| \geqslant x)$$

$$\leqslant \sum_{j=1}^{n} P(|X_j| \geqslant y_j) + e^{-tx} E e^{t|\bar{S}_n|}. \tag{22}$$

我们来估计 $Ee^{t|\bar{S}_n|}$. 注意到: 在 $|u| \leqslant z$ 的范围内, 当 $|u| = z$ 时, $|u|^{-1}(e^{t|u|} - 1)$ 取到最大值. 因此

$$Ee^{t|\bar{S}_n|} \leqslant \prod_{j=1}^{n} Ee^{t|\bar{X}_j|} = \prod_{j=1}^{n} E\left(1 + \frac{e^{t|\bar{X}_j|} - 1}{|\bar{X}_j|}|\bar{X}_j|\right)$$

$$\leqslant \prod_{j=1}^{n}\left(1 + \frac{e^{ty_j} - 1}{y_j}\int_{|u| \leqslant y_j}|u|dF_j(u)\right)$$

$$\leqslant \prod_{j=1}^{n}\left(1 + \frac{e^{ty} - 1}{y^r}\int_{|u| \leqslant y_j}|u|^r dF_j(u)\right)$$

$$\leqslant \exp\left(\frac{e^{ty} - 1}{y^r}A(r,\eta)\right).$$

所以

$$e^{-tx}Ee^{t|\bar{S}_n|} \leqslant \exp\left(\frac{e^{ty} - 1}{y^r}A(r,\eta) - tx\right). \tag{23}$$

在 (23) 中取

$$t = \frac{1}{y}\log\left(\frac{xy^{r-1}}{A(r,\eta)} + 1\right),$$

然后把它代入 (22) 即得第一个不等式. 注意到条件 $xy^{r-1} > A(r, \eta)$ 可推出 (23) 右方在 $t = y^{-1} \log(xy^{r-1}A^{-1}(r, \eta)) > 0$ 取最小值, 由此即可得第二个不等式.

6.9 (Burkholder)

设 $\{Y_n, \mathcal{A}_n\}$ 为鞅或者是非负下鞅. 那么对任意的 $x > 0$,

$$P\left\{\sum_{n=1}^{\infty}(Y_n - Y_{n-1})^2 \geqslant x\right\} \leqslant 3 \sup_{n \geqslant 1} E|Y_n|/\sqrt{x}.$$

证明 我们仅需考虑 $\sup_{n \geqslant 1} E|Y_n| < \infty$ 情形. 在此条件下, 由鞅收敛定理, 存在着一个 r.v. Y_∞ 使得 $Y_n \to Y_\infty$ a.s. 且 $E|Y_\infty| \leqslant \sup_{n \geqslant 1} E|Y_n|$. 令 $Y_0 = 0$, $X_n = Y_n - Y_{n-1}$. 记 $\mu = \inf\{n \geqslant 1 : |Y_n| > \sqrt{x}\}$. 如果没有这样的 n 存在, 为方便起见, 令 $\mu = \infty$. 这时 Y_μ 是 $Y_{\mu-1}$ 并且定义是合理的. 由控制收敛定理, 我们有

$$EY_\mu Y_{\mu-1} I(\mu = \infty) = EY_\infty^2 \leqslant \sqrt{x} \lim_{n \to \infty} E|Y_n|I(\mu = \infty).$$

另一方面, 因为 $|Y_{\mu-1}| \leqslant \sqrt{x}$, 我们有

$$EY_\mu Y_{\mu-1} I(\mu < \infty) \leqslant \liminf_{n \to \infty} \sum_{k=1}^{n} \sqrt{x} E|Y_k I(\mu = k)|$$

$$\leqslant \sqrt{x} \liminf_{n \to \infty} \sum_{k=1}^{n} E|Y_n|I(\mu = k) \leqslant \sqrt{x} \liminf_{n \to \infty} E|Y_n|I(\mu \leqslant n)$$

$$\leqslant \sqrt{x} \liminf_{n \to \infty} E|Y_n|I(\mu < \infty).$$

结合这两个不等式, 我们得到

$$EY_\mu Y_{\mu-1} \leqslant \sqrt{x} \sup_{n \geqslant 1} E|Y_n|.$$

令 $\nu = \mu \wedge n$. 沿着同样的思路我们能证明

$$EY_\nu Y_{\nu-1} \leqslant \sqrt{x} \sup_{n \geqslant 1} E|Y_n|.$$

此外

$$Y_{n-1}^2 = \sum_{j=1}^{n-1} X_j^2 + 2\sum_{j=1}^{n-1} Y_{j-1} X_j.$$

因此

$$\sum_{j=1}^{n-1} X_j^2 + Y_{n-1}^2 = 2Y_{n-1}^2 + 2Y_{n-1}X_n - 2\sum_{j=1}^{n} Y_{j-1}X_j$$

$$= 2Y_n Y_{n-1} - 2\sum_{j=1}^{n} Y_{j-1}X_j.$$

显然, 用 ν 代替 n 后上面的等式仍成立. 注意到对于下鞅, $Y_{j-1} \geqslant 0$,

$$E\sum_{j=1}^{\nu} Y_{j-1}X_j = \sum_{j=1}^{n} E\{I(\mu \geqslant j)Y_{j-1}E(X_j|\mathcal{A}_{j-1})\} \geqslant 0.$$

因此

$$E\sum_{j=1}^{\nu-1} X_j^2 \leqslant 2EY_\nu Y_{\nu-1} \leqslant 2\sqrt{x}\sup_{n\geqslant 1} E|Y_n|.$$

令 $n \to \infty$, 我们得到

$$E\sum_{j=1}^{\mu-1} X_j^2 \leqslant 2\sqrt{x}\sup_{n\geqslant 1} E|Y_n|.$$

因为在 $\{\mu = \infty\} = \left\{\sup_{n\geqslant 1} E|Y_n| \leqslant \sqrt{x}\right\}$ 上 $\sum_{j=1}^{\mu-1} X_j^2 = \sum_{j=1}^{\infty} X_j^2$, 我们得

$$P\left\{\sum_{n=1}^{\infty} X_n^2 \geqslant x, \sup_{n\geqslant 1}|Y_n| \leqslant \sqrt{x}\right\} \leqslant P\left\{\sum_{j=1}^{\mu-1} X_j^2 \geqslant x\right\}$$

$$\leqslant E\sum_{j=1}^{\mu-1} X_j^2/x \leqslant 2\sup_{n\geqslant 1} E|Y_n|/\sqrt{x}.$$

因此

$$P\left\{\sum_{n=1}^{\infty} X_n^2 \geqslant x\right\} \leqslant P\left\{\sup_{n\geqslant 1}|Y_n| > \sqrt{x}\right\} + P\left\{\sum_{n=1}^{\infty} X_n^2 \geqslant x, \sup_{n\geqslant 1}|Y_n| \leqslant \sqrt{x}\right\}$$

$$\leqslant 3\sup_{n\geqslant 1} E|Y_n|/\sqrt{x}.$$

6.10

设 $\{X_n,\ n \geqslant 1\}$ 为 i.i.d.r.v. 序列，$EX_1 = 0$. 那么存在正常数 C_1 和 C_2, 使得对任意的 $x > 0$,

$$C_1 x^{-2} E X_1^2 I(|X_1| \geqslant x) \leqslant \sum_{n=1}^{\infty} P(|S_n| \geqslant xn) \leqslant C_2 x^{-2} E X_1^2 I(|X_1| \geqslant x).$$

证明请参见 (Pruss 1997).

7. 概率的指数型估计

7.1

下面的论述是等价的.

7.1a 存在着正数 b 和 c, 使得对所有的 $x > 0$,

$$P(|X| \geqslant x) \leqslant be^{-cx}.$$

7.1b 存在着常数 $H > 0$, 使得对于 $|t| < H$,

$$Ee^{tX} < \infty.$$

7.1c 存在着常数 $a > 0$, 使得

$$Ee^{a|X|} < \infty.$$

7.1d 存在着正数 g 和 T, 使得对 $|t| \leqslant T$,

$$Ee^{t(X-EX)} \leqslant e^{gt^2}.$$

证明 记 $F(x)$ 为 X 的 d.f. 注意到

$$Ee^{a|X|} = \int_{-\infty}^0 e^{-ax}dF(x) + \int_0^\infty e^{ax}dF(x) \leqslant Ee^{-aX} + Ee^{aX},$$

即知 7.1b 和 7.1c 是等价的.

如果 7.1c 正确, 那么由 6.1a,

$$P(|X| \geqslant x) \leqslant e^{-ax}Ee^{a|X|}$$

对所有的 $x > 0$ 成立. 这就推得 7.1a 也是正确的. 我们接下来说明 7.1a 推出 7.1c. 实际上, 从 7.1a, 对 $x \leqslant 0$, 我们有

$$F(x) \leqslant be^{-c|x|};$$

对 $x > 0$, 有
$$1 - F(x) \leqslant be^{-cx}.$$

因此对 $0 < a < c$, 利用分部积分，我们得到
$$Ee^{a|X|} = \int_{-\infty}^0 e^{-ax}dF(x) - \int_0^\infty e^{ax}d(1 - F(x))$$

$$\leqslant 2F(0) + ab\int_{-\infty}^0 e^{(c-a)x}dx + ab\int_0^\infty e^{-(c-a)x}dx < \infty.$$

最后，我们说明 7.1b 和 7.1d 是等价的. 显然，7.1d 推出 7.1b. 反过来，如果 7.1b 是成立的，那么
$$\log Ee^{t(X-EX)} = \frac{t^2}{2}\mathrm{Var}(X) + o(t^2), \qquad \text{当 } t \to 0\text{时}.$$

对任意的常数 $g > \frac{1}{2}\mathrm{Var}(X)$, 不等式 $\log Ee^{t(X-EX)} \leqslant gt^2$ 和 $Ee^{t(X-EX)} \leqslant e^{gt^2}$ 对所有充分小的 t 成立，也就是说，7.1d 成立.

在下面的 7.2~7.8 中，$X_1, \cdots, X_n$ 是独立 r.v., $S_n = \sum_{j=1}^n X_j$.

7.2 (Petrov)

假设存在正数 $g_1, \cdots, g_n, T$ 使得对 $0 \leqslant t \leqslant T$ (或 $-T \leqslant t \leqslant 0$),
$$Ee^{tX_j} \leqslant e^{g_j t^2/2}, \ j = 1, \cdots, n$$

成立. 那么对 $0 \leqslant x \leqslant GT$ $(G = \sum_{j=1}^n g_j)$, 我们有
$$P(S_n \geqslant x) \leqslant e^{-x^2/(2G)} \qquad (\text{或 } P(S_n \leqslant -x) \leqslant e^{-x^2/(2G)});$$

对 $x \geqslant GT$, 我们有
$$P(S_n \geqslant x) \leqslant e^{-Tx/2} \qquad (\text{或 } P(S_n \leqslant -x) \leqslant e^{-Tx/2}).$$

证明 显然，只需考虑 $0 < t \leqslant T$ 情形. 对任意的 x, 我们有
$$P(S_n \geqslant x) \leqslant e^{-tx}Ee^{tS_n}$$

$$= e^{-tx}\prod_{j=1}^n Ee^{tX_j} \leqslant e^{-tx+Gt^2/2}. \tag{24}$$

对固定的 $x, 0 < x \leqslant GT$ ($x = 0$ 情形, 不等式是显然成立的), 函数 $f(t) = \frac{Gt^2}{2} - tx$ 在 $t = x/G$ 取到最小值, 后者满足条件 $0 < t \leqslant T$. 在 (24) 中取 $t = x/G$ 即得第一个不等式.

现在假设 $x \geqslant GT$. 这时 $f(t)$ 是非增的. 在 (24) 中令 $t = T$ 我们得到第二个不等式.

7.3 (Petrov)

假设 $EX_j = 0, j = 1, \cdots, n$, 且存在着常数 $H > 0$ 使得对所有的 $m \geqslant 2$ 有

$$|EX_j^m| \leqslant \frac{m!}{2}\sigma_j^2 H^{m-2}, \qquad j = 1, \cdots, n,$$

其中 $\sigma_j^2 = EX_j^2$. 记 $B_n = \sum_{j=1}^n \sigma_j^2$. 那么对 $0 \leqslant x \leqslant B_n/H$

$$P(S_n \geqslant x) \leqslant e^{-x^2/(4B_n)}, \quad P(S_n \leqslant -x) \leqslant e^{-x^2/(4B_n)},$$

而对 $x \geqslant B_n/H$

$$P(S_n \geqslant x) \leqslant e^{-Tx/2}, \quad P(S_n \leqslant -x) \leqslant e^{-Tx/2}.$$

证明 对于 $|t| \leqslant 1/(2H)$,

$$Ee^{tX_j} = 1 + \frac{t^2}{2}\sigma_j^2 + \frac{t^3}{6}EX_j^3 + \cdots$$

$$\leqslant 1 + \frac{t^2}{2}\sigma_j^2(1 + H|t| + H^2t^2 + \cdots)$$

$$\leqslant 1 + \frac{t^2\sigma_j^2}{2(1 - H|t|)} \leqslant 1 + t^2\sigma_j^2 \leqslant e^{t^2\sigma_j^2}.$$

应用 7.2, 我们得到 7.3 的结论.

7.4 (Petrov)

如果 $EX_j \geqslant 0, j = 1, \cdots, n$, 那么 7.2 的论述可以加强为

$$P\left(\max_{1 \leqslant j \leqslant n} S_j \geqslant x\right) \leqslant e^{-x^2/(2G)}, \qquad 若 0 \leqslant x \leqslant GT,$$

$$P\left(\max_{1 \leqslant j \leqslant n} S_j \geqslant x\right) \leqslant e^{-Tx/2}, \qquad 若 x \geqslant GT.$$

证明 我们仅指出下列事实. 因为 $EX_j \geqslant 0, j = 1, \cdots, n$, 所以 $\{S_j, 1 \leqslant j \leqslant n\}$ 是下鞅, 且对任意的 $t \geqslant 0$, $\{e^{tS_j}, 1 \leqslant j \leqslant n\}$ 也是下鞅. 因此我们可以利用 Doob 不等式 (即 6.5a).

7.5 (Hoeffding 不等式)

假设 $0 \leqslant X_j \leqslant 1$. 令 $\mu_j = EX_j$, $\bar{X} = \frac{1}{n}\sum_{j=1}^n X_j$, $\mu = E\bar{X}$. 那么对于 $0 < x < 1-\mu$,

$$P(\bar{X} - \mu \geqslant x) \leqslant P\left\{\max_{1\leqslant j\leqslant n}(S_j - ES_j) \geqslant nx\right\}$$

$$\leqslant \left\{\left(\frac{\mu}{\mu+x}\right)^{\mu+x}\left(\frac{1-\mu}{1-\mu-x}\right)^{1-\mu-x}\right\}^n$$

$$\leqslant e^{-g(\mu)nx^2} \leqslant e^{-2nx^2},$$

其中

$$g(\mu) = \begin{cases} \dfrac{1}{1-2\mu}\log\dfrac{1-\mu}{\mu}, & \text{若 } 0 < \mu < \dfrac{1}{2}, \\[3mm] \dfrac{1}{2\mu(1-\mu)}, & \text{若 } \dfrac{1}{2} \leqslant \mu < 1. \end{cases}$$

如果存在着 $a_j \leqslant b_j$, 使得 $a_j \leqslant X_j \leqslant b_j, j = 1, \cdots, n$, 那么对任意的 $x > 0$,

$$P(\bar{X}-\mu \geqslant x) \leqslant P\left\{\max_{1\leqslant j\leqslant n}(S_j - ES_j) \geqslant nx\right\} \leqslant \exp\left\{-2n^2x^2 \Big/ \sum_{j=1}^n (b_j - a_j)^2\right\}.$$

证明 我们仅证明第一个不等式, 第二个不等式的证明是类似的. 令 $t > 0$. 因为 e^{tx} 是 x 的凸函数, 对 $0 \leqslant x \leqslant 1$, 我们有

$$e^{tx} \leqslant (1-x) + xe^t.$$

因此 X_j 的矩母函数 $M_j(t)$ 满足

$$M_j(t) \leqslant 1 - \mu_j + \mu_j e^t.$$

因此, 并注意到几何平均数不超过算术平均数, 且对半鞅 $e^{t(S_j - ES_j)}$ 利用 Doob 不等式, 得

$$P\left\{ \max_{1 \leqslant j \leqslant n} (S_j - ES_j) \geqslant nx \right\}$$

$$= P\left\{ \max_{1 \leqslant j \leqslant n} \exp\{t(S_j - ES_j)\} \geqslant \exp(nxt) \right\}$$

$$\leqslant e^{-nxt} E e^{t(S_n - ES_n)} = e^{-n(\mu+x)t} \prod_{j=1}^{n} M_j(t)$$

$$\leqslant e^{-n(\mu+x)t} \prod_{j=1}^{n} (1 - \mu_j(1 - e^t))$$

$$\leqslant e^{-n(\mu+x)t} \left(\frac{1}{n} \sum_{j=1}^{n} (1 - \mu_j(1 - e^t)) \right)^n$$

$$= (e^{-(\mu+x)t} (1 - \mu(1 - e^t)))^n.$$

取

$$t_0 = \log \frac{(1-\mu)(\mu+x)}{\mu(1-\mu-x)} > 0,$$

使前式右边达到极小. 于是我们得到

$$P(\bar{X} - \mu \geqslant x) \leqslant \left\{ \left(\frac{\mu}{\mu+x} \right)^{\mu+x} \left(\frac{1-\mu}{1-\mu-x} \right)^{1-\mu-x} \right\}^n \equiv \exp(-nx^2 G(x, \mu)),$$

其中

$$G(x, \mu) = \frac{\mu+x}{x^2} \log \frac{\mu+x}{\mu} + \frac{1-\mu-x}{x^2} \log \frac{1-\mu-x}{1-\mu}.$$

关于 $x, 0 < x < 1 - \mu$, 取 $G(x, \mu)$ 的最小值, 记作 $g(\mu)$. 我们有

$$x^2 \frac{\partial G(x, \mu)}{\partial x} = \left(1 - 2\frac{1-\mu}{x} \right) \log \left(1 - \frac{x}{1-\mu} \right) - \left(1 - 2\frac{\mu+x}{x} \right) \log \left(1 - \frac{x}{\mu+x} \right), \tag{25}$$

其中 $0 < x/(1-\mu) < 1$ 且 $0 < x/(\mu+x) < 1$. 展开函数

$$H(s) \equiv \left(1 - \frac{2}{s} \right) \log(1 - s)$$

$$= 2 + \left(\frac{2}{3} - \frac{1}{2}\right) s^2 + \left(\frac{2}{4} - \frac{1}{3}\right) s^3 + \left(\frac{2}{5} - \frac{1}{4}\right) s^4 + \cdots$$

这个幂级数的所有系数都是正的, 因此 $H(s)$ 对于 $0 < s < 1$ 是递增的. 所以由 (25) 可知 $(\partial/\partial x)G(x,\mu) > 0$ 当且仅当 $x/(1-\mu) > x/(\mu+x)$ 或者等价地 $x > 1 - 2\mu$. $G(x,\mu)$ 在 $x = 1 - 2\mu$ 达到最小值; 如果 $1 - 2\mu \leqslant 0$, 那么 $G(x,\mu)$ 在 $x = 0$ 达到最小值. 把这些值代入 $G(x,\mu)$ 得到最小值

$$g(\mu) = \begin{cases} \dfrac{1}{1 - 2\mu} \log \dfrac{1-\mu}{\mu}, & \text{若 } 0 \leqslant \mu < \dfrac{1}{2}, \\[3mm] \dfrac{1}{2\mu(1-\mu)}, & \text{若 } \dfrac{1}{2} \leqslant \mu < 1. \end{cases}$$

此外, 显然有 $g(\mu) \geqslant g(\frac{1}{2}) = 2$. 结合这些结论得证第一个不等式.

7.6 (Bennett 不等式)

假设 $X_j \leqslant b, EX_j = 0, j = 1, \cdots, n$. 记 $\sigma_j^2 = EX_j^2$, $\sigma^2 = \frac{1}{n}\sum_{j=1}^n \sigma_j^2$. 那么对任意的 $x > 0$

$$P(\bar{X} > x) \leqslant P\left\{ \max_{1 \leqslant j \leqslant n} S_j \geqslant nx \right\}$$

$$\leqslant \exp\left\{ -\frac{nx}{b}\left[\left(1 + \frac{\sigma}{bx}\right) \log\left(1 + \frac{bx}{\sigma^2}\right) - 1 \right] \right\}.$$

证明 再次利用 Doob 不等式. 对任意 $t > 0$, 我们有

$$P(S_n \geqslant nx) \leqslant P\left\{ \max_{1 \leqslant j \leqslant n} S_j \geqslant nx \right\}$$

$$\leqslant e^{-nxt} \prod_{j=1}^n Ee^{tX_j}.$$

注意到 $EX_j = 0$ 和对 $x \neq 0$, $g(x) \equiv (e^x - 1 - x)/x^2$ 在 R 上是非负的、递增的和凸的, 且 $g(0) = \frac{1}{2}$, 我们有

$$Ee^{tX_j} \leqslant 1 + t^2\sigma_j^2 g(tb)$$

$$\leqslant \exp\left\{ \sigma_j^2 \cdot \frac{e^{tb} - 1 - tb}{b^2} \right\}.$$

所以

$$P\left\{\max_{1\leqslant j\leqslant n} S_j \geqslant nx\right\} \leqslant \exp\left(-nxt + n\sigma^2\frac{e^{tb}-1-tb}{b^2}\right).$$

取 $t = (1/b)\log(1+bx/\sigma^2)$ 使上面的指数最小化, 我们得到

$$P\left\{\max_{1\leqslant j\leqslant n} S_j \geqslant nx\right\} \leqslant \exp\left\{-\frac{nx}{b}\log\left(1+\frac{bx}{\sigma^2}\right) + \frac{n\sigma^2}{b^2}\left(\frac{bx}{\sigma^2} - \log\left(1+\frac{bx}{\sigma^2}\right)\right)\right\}$$

$$= \exp\left\{-\frac{nx}{b}\left[\left(1+\frac{\sigma^2}{bx}\right)\log\left(1+\frac{bx}{\sigma^2}\right) - 1\right]\right\}.$$

注 如果 $0 < x < b$, 这个界变为

$$\left\{\left(1+\frac{bx}{\sigma^2}\right)^{-(1+bx/\sigma^2)\sigma^2/(b^2+\sigma^2)}\left(1-\frac{x}{b}\right)^{-(1-x/b)b^2/(b^2+\sigma^2)}\right\}^n.$$

7.7 (Bernstein 不等式)

假设 $EX_j = 0$ 且 $E|X_j|^n \leqslant \sigma_j^2 n! a^{n-2}/2$ 对所有的 $n \geqslant 2$ 成立, 其中 $\sigma_j^2 = EX_j^2, a > 0$. 又记 $\sigma^2 = \frac{1}{n}\sum_{j=1}^n \sigma_j^2$. 那么对任意的 $x > 0$

$$P(S_n \geqslant \sqrt{n}x) \leqslant P\left\{\max_{1\leqslant j\leqslant n} S_j \geqslant \sqrt{n}x\right\}$$

$$\leqslant \exp\left\{-\frac{\sqrt{n}x^2}{2(\sqrt{n}\sigma^2 + ax)}\right\}.$$

证明 令 $t > 0$ 满足 $ta \leqslant c < 1$. 那么

$$Ee^{tX_j} = 1 + \frac{t^2}{2}EX_j^2 + \frac{t^3}{3!}EX_j^3 + \cdots$$

$$\leqslant 1 + \frac{t^2}{2}\sigma_j^2 + \frac{t^3}{2}\sigma_j^2 a + \cdots$$

$$\leqslant 1 + \frac{t^2\sigma_j^2}{2(1-c)} \leqslant \exp\left\{\frac{t^2\sigma_j^2}{2(1-c)}\right\}.$$

因此

$$e^{-\sqrt{n}xt}Ee^{tS_n} \leqslant \exp\left\{-\sqrt{n}xt + \frac{t^2 n\sigma^2}{2(1-c)}\right\}. \tag{26}$$

上面的指数在 $t_0 = (1-c)x/(\sqrt{n}\sigma^2)$ 取到最小值. 令 $t_0 a = c$ 我们得

$$c = \frac{ax}{\sqrt{n}\sigma^2 + ax} < 1,$$

且

$$t_0 = \frac{x}{\sqrt{n}\sigma^2 + ax}.$$

把它们代入 (26) 得证所要的不等式.

    注   如果 $|X_j| \leqslant a$ a.s., 那么矩条件满足.

7.8

    假设 $EX_j = 0$ 且 $|X_j| \leqslant d_j$ a.s., $j = 1, \cdots, n$, 其中 $d_1, \cdots, d_n$ 是正常数. 令 $x > 0$, 记 $a = \left(\sum_{j=1}^n d_j^2\right)^{1/2}$ 且对某一 $1 < p < 2$, $b = \max\limits_{1 \leqslant j \leqslant n} j^{1/p}|d_j|$.

    7.8a   对任意的 $x > 0$, $P(|S_n| \geqslant x) \leqslant 2\exp(-x^2/2a^2)$.

    证明   注意到函数 $y \to \exp(ty)$ 是凸的, 并且 $ty = t(1+y)/2 - t(1-y)/2$, 对于 $|y| \leqslant 1$,

$$\exp(ty) \leqslant \operatorname{ch} t + y\operatorname{sh} t \leqslant \exp(t^2/2) + y\operatorname{sh} t.$$

应用这个不等式且取 $y = X_j/d_j$, 我们得到

$$E\exp(tS_n) \leqslant \prod_{j=1}^n \exp(t^2 d_j^2/2) = \exp(t^2 a^2/2).$$

取 $t = x/a^2$, 得

$$P(S_n \geqslant x) \leqslant \exp(-tx + t^2 a^2/2) = \exp(-x^2/2a^2).$$

    7.8b   若 $q = p/(p-1)$, 则存在着常数 $c_q > 0$ 使得

$$P(|S_n| \geqslant x) \leqslant 2\exp(-c_q x^q/b^q).$$

    证明   对任意的整数 $0 < m \leqslant n$, 记

$$|S_n| \leqslant \sum_{j=1}^m |X_j| + \left|\sum_{j=m+1}^n X_j\right| \leqslant b\sum_{j=1}^m j^{-1/p} + \left|\sum_{j=m+1}^n X_j\right|$$

$$\leqslant bqm^{1/q} + \left| \sum_{j=m+1}^{n} X_j \right|.$$

首先考虑情形 $x > 2bq$. 记 $m = \max\{j : x > 2bqj^{1/q}\}$. 则由 7.8a

$$P(|S_n| \geqslant x) \leqslant P\left(\left| \sum_{j=m+1}^{n} X_j \right| \geqslant bqm^{1/q} \right)$$

$$\leqslant 2\exp\left\{ -b^2 q^2 m^{2/q} \bigg/ \left(2 \sum_{j=m+1}^{n} d_j^2 \right) \right\},$$

其中

$$\sum_{j=m+1}^{n} d_j^2 \leqslant b^2 \sum_{j=m+1}^{n} j^{-2/p} \leqslant \frac{b^2 q}{q-2} m^{1-2/p}.$$

因此

$$P(|S_n| \geqslant x) \leqslant 2\exp(-q(q-2)m/2) \leqslant 2\exp(-c_q' x^q/b^q),$$

其中

$$c_q' = q(q-2)/(4(2q)^q).$$

当 $x \leqslant 2bq$ 时, 记 $c_q'' = (\log 2)/(2q)^q$, 我们得到

$$P(|S_n| \geqslant x) \leqslant 1 \leqslant 2\exp(-c_q'' x^q/b^q).$$

取 $c_q = c_q' \vee c_q''$, 证得不等式. $\qquad\square$

7.9 (Kolmogorov 不等式)

假设 $EX_j = 0$, $\sigma_j^2 \equiv EX_j^2 < \infty$, $|X_j| \leqslant cs_n$ a.s., $j = 1, \cdots, n$, 其中 $c > 0$ 是常数且 $s_n^2 = \sum_{j=1}^{n} \sigma_j^2$. 令 $x > 0$.

7.9a(上界) 如果 $xc \leqslant 1$, 那么

$$P(S_n/s_n \geqslant x) \leqslant \exp\left\{ -\frac{x^2}{2}\left(1 - \frac{xc}{2}\right) \right\};$$

如果 $xc \geqslant 1$, 那么

$$P(S_n/s_n \geqslant x) \leqslant \exp\left\{ -\frac{x}{4c} \right\}.$$

7.9b(下界) 对给定的 $\gamma > 0$, 存在着 $x(\gamma)$ 使得对所有的 $x \geqslant x(\gamma)$, 成立

$$P(S_n/s_n \geqslant x) \geqslant \exp\left\{-\frac{x^2}{2}(1+\gamma)\right\}.$$

证明 令 $t > 0$. 则对 $tcs_n \leqslant 1$,

$$Ee^{tX_j} \leqslant 1 + \frac{t^2\sigma_j^2}{2}\left(1 + \frac{tcs_n}{3} + \frac{t^2c^2s_n^2}{4\cdot3} + \cdots\right)$$

$$\leqslant \exp\left\{\frac{t^2\sigma_j^2}{2}\left(1 + \frac{tcs_n}{2}\right)\right\}.$$

因此

$$e^{-ts_nx}Ee^{tS_n} \leqslant \exp\left\{-ts_nx + \frac{t^2s_n^2}{2}\left(1 + \frac{tcs_n}{2}\right)\right\}.$$

若 $xc \leqslant 1$, 则 t 选取为 x/s_n, 若 $xc \geqslant 1$, 则 t 选取为 $1/(cs_n)$, 那么从上式即可推得 7.9a.

我们来证明 7.9b. 令 α 和 β 是一个小的正常数, 它们将由 γ 决定. 令 $t = x/(1-\beta)$. 取 c 充分小, 使 $tc \leqslant 2\alpha < 1$. 则有

$$\prod_{j=1}^{n} Ee^{tX_j/s_n} \geqslant \prod_{j=1}^{n}\left(1 + \frac{t^2\sigma_j^2}{2s_n^2}\left(1 - \frac{tc}{3} - \frac{t^2c^2}{4\cdot3} - \cdots\right)\right)$$

$$\geqslant \exp\left\{\frac{t^2}{2}(1-tc/2)\right\} \geqslant \exp\left\{\frac{t^2}{2}(1-\alpha)\right\}. \tag{27}$$

另一方面, 令 $q(y) = P(S_n/s_n \geqslant y)$. 由分部积分, 我们得

$$Ee^{tS_n/s_n} = t\int e^{ty}q(y)dy.$$

把 R^1 拆成五个部分 $I_1 = (-\infty, 0]$, $I_2 = (0, t(1-\beta)]$, $I_3 = (t(1-\beta), t(1+\beta)]$, $I_4 = (t(1+\beta), 8t]$, $I_5 = (8t, \infty)$. 我们有

$$I_1 = t\int_{-\infty}^{0} e^{ty}q(y)dy \leqslant t\int_{-\infty}^{0} e^{ty}dy = 1.$$

关于 I_5, 取 $c < 1/(8t)$, 根据 7.9a, 我们得

$$q(y) \begin{cases} < \exp(-y/4c) \leqslant \exp(-2ty), & \text{若 } y \geqslant 1/c, \\ \leqslant \exp\left(-\frac{y^2}{2}\left(1 - \frac{yc}{2}\right)\right) \leqslant \exp(-y^2/4) \leqslant \exp(-2ty), & \text{若 } y < 1/c. \end{cases}$$

所以

$$I_5 = t \int_{8t}^{\infty} e^{ty} q(y) dy \leqslant t \int_{8t}^{\infty} e^{-ty} dy < 1.$$

关于 I_2 和 I_4, 我们有 $y < 8t < 1/c$. 于是, 由 7.9a,

$$e^{ty} q(y) \leqslant \exp \left\{ ty - \frac{y^2}{2} \left(1 - \frac{yc}{2} \right) \right\}$$

$$\leqslant \exp \left\{ ty - \frac{y^2}{2} (1 - 4tc) \right\}$$

$$\equiv \exp\{g(y)\}.$$

函数 $g(y)$ 在 $y = \frac{t}{1-4tc}$ 达到最大值. 取 c 充分小使得 $\frac{t}{1-4tc} \in I_3$. 因此, 对于 $y \in I_2 \cup I_4$,

$$g(y) \leqslant g(t(1 \pm \beta)) \leqslant \frac{t^2}{2} \left(1 - \frac{\beta^2}{2} \right).$$

所以

$$I_2 + I_4 = t \left(\int_0^{t(1-\beta)} + \int_{t(1+\beta)}^{8t} \right) e^{ty} q(y) dy \leqslant 9t^2 \exp \left\{ \frac{t^2}{2} \left(1 - \frac{\beta^2}{2} \right) \right\}.$$

令 $\alpha = \beta^2/4$. 由 (27) 得

$$I_2 + I_4 \leqslant 9t^2 \exp \left\{ \frac{t^2}{2} \left(1 - \frac{\beta^2}{2} \right) \right\}$$

$$\leqslant \frac{9x^2}{(1-\beta)^2} \exp \left\{ -\frac{x^2 \beta^2}{8(1-\beta)^2} \right\} E \exp \left\{ \frac{tS_n}{s_n} \right\}.$$

于是对于 $x \geqslant x(\gamma)$ 充分大, 我们得到

$$I_1 + I_5 < 2 < \frac{1}{4} E e^{tS_n/s_n}, \quad I_2 + I_4 < \frac{1}{4} E e^{tS_n/s_n}.$$

作为它们的一个推论, 我们有

$$I_3 = t \int_{t(1-\beta)}^{t(1+\beta)} e^{ty} q(y) dy > \frac{1}{2} E e^{tS_n/s_n},$$

与 (27) 相结合, 得到

$$2t^2 \beta e^{t^2(1+\beta)} q(x) > \frac{1}{2} \exp \left\{ \frac{t^2}{2} (1 - \alpha) \right\}.$$

于是, 只要 $x \geqslant x(\gamma)$ 充分大 (因此 t 也充分大),

$$q(x) > \frac{1}{4t^2\beta} \exp\left\{\frac{t^2}{2}\alpha\right\} \exp\left\{-\frac{t^2}{2}(1+2\alpha+2\beta)\right\}$$

$$> \exp\left\{-\frac{x^2}{2}\frac{1+2\alpha+2\beta}{(1-\beta)^2}\right\}.$$

对于给定的 $\gamma > 0$, 我们只需选择 $\beta > 0$ 使得

$$\frac{1+2\beta+\beta^2/2}{(1-\beta)^2} \leqslant 1+\gamma.$$

因此, 对于 $c = c(\gamma)$ 充分小且 $x = x(\gamma)$ 充分大,

$$q(x) > \exp\left\{-\frac{x^2}{2}(1+\gamma)\right\}.$$

7.9c(强化的 Kolmogorov 上界不等式) 如果在 7.9a 的假设中附加如下条件: 对某个 $\delta \in (0,1]$,

$$L_n = s_n^{-(2+\delta)} \sum_{i=1}^{n} E|X_i|^{2+\delta} < \infty,$$

那么, 对任意的 $x > 0$,

$$P(S_n/s_n \geqslant x) \leqslant \exp\left\{-\frac{x^2}{2} + \frac{1}{6}x^3 c^{1-\delta} L_n e^{xc}\right\}.$$

证明 对任意的 $t > 0$, 我们有

$$\prod_{j=1}^{n} E e^{tX_j/s_n} \leqslant \prod_{j=1}^{n}\left(1 + \frac{t^2\sigma_j^2}{2s_n^2} + \left(\sum_{k=3}^{\infty}\frac{t^k c^{k-2-\delta} E|X_j|^{2+\delta}}{k! s_n^{2+\delta}}\right)\right)$$

$$\leqslant \exp\left\{\frac{t^2}{2} + \frac{t^3 c^{1-\delta} L_n e^{tc}}{6}\right\}. \tag{28}$$

取 $t = x$ 即得待证的结论.

7.10 (Prokhorov 不等式)

在 7.9 的条件下, 对任意的 $x > 0$,

$$P(S_n/s_n \geqslant x) \leqslant \exp\left\{-\frac{x}{2c}\operatorname{arcsinh}\left(\frac{xc}{2}\right)\right\}.$$

证明 令 $G(x) = \frac{1}{n} \sum_{j=1}^{n} P(X_j < x)$. d.f. G 集中在区间 $[-cs_n, cs_n]$ 上，且满足

$$\int y^2 dG(y) = \frac{1}{n} s_n^2.$$

令 G^* 是如下定义的 d.f.:

$$G^*(\{-cs_n\}) = G^*(\{cs_n\}) = 1/(2nc^2), \quad G^*(\{0\}) = 1 - 1/(nc^2).$$

容易验证

$$\int (\cosh ty - 1) dG(y) \leqslant \int (\cosh ty - 1) dG^*(y)$$
$$= \frac{1}{nc^2} (\cosh tcs_n - 1).$$

那么对于 $t > 0$,

$$P(S_n/s_n \geqslant x) \leqslant e^{-txs_n} E e^{tS_n}$$
$$= e^{-txs_n} \prod_{j=1}^{n} E e^{tX_j}$$
$$\leqslant \exp \left\{ -txs_n + \sum_{j=1}^{n} (E e^{tX_j} - 1) \right\}$$
$$= \exp \left\{ -txs_n + n \int (e^{ty} - 1 - ty) dG(y) \right\}$$
$$\leqslant \exp \left\{ -txs_n + 2n \int (\cosh ty - 1) dG(y) \right\}$$
$$\leqslant \exp \left\{ -txs_n + \frac{2}{c^2} (\cosh tcs_n - 1) \right\}.$$

式右的指数在

$$t = \frac{1}{cs_n} \operatorname{arcsinh} \left(\frac{xc}{2} \right)$$

取到最小值

$$-\frac{x}{2c} \operatorname{arcsinh} \left(\frac{xc}{2} \right).$$

7.11

令 $X_1, \cdots, X_n$ 为 i.i.d.r.v., $a > 0$. 定义删失 r.v.

$$Z_j = (-a) \vee (X_j \wedge a).$$

记 $T_n = \sum_{j=1}^n Z_j$. 那么对任意的正数 r 和 s

$$P\left\{|T_n - ET_n| \geqslant \frac{r}{2a}e^r nE(X_1^2 \wedge a^2) + \frac{sa}{r}\right\} \leqslant 2e^{-s}.$$

特别地, 对任意的 $\sigma^2 \geqslant E(X_1^2 \wedge a^2)$, $x > 0$,

$$P\left\{|T_n - ET_n| \geqslant \frac{1}{2}\left(1 + \exp\left(\frac{ax}{\sqrt{n}\sigma}\right)\right)x\sqrt{n}\sigma\right\} \leqslant 2e^{-x^2/2}.$$

证明 显然只需证明单边的不等式

$$P\left\{T_n - ET_n \geqslant \frac{r}{2a}e^r nE(X_1^2 \wedge a^2) + \frac{sa}{r}\right\} \leqslant e^{-s}.$$

记 $F(x) = P(X_1 < x)$, $G_+(x) = P(X_1 > x)$, $G_-(x) = P(-X_1 > x)$. 令 $t = r/a$. 则有

$$Ee^{tZ_1} \leqslant E\left(1 + tZ_1 + \frac{1}{2}t^2 Z_1^2 e^r\right)$$

$$\leqslant \exp\left\{tEZ_1 + \frac{1}{2}e^r t^2 EZ_1^2\right\}.$$

于是第一个不等式可从下式得到

$$P\left\{T_n - ET_n \geqslant \frac{r}{2a}e^r nE(X_1^2 \wedge a^2) + \frac{sa}{r}\right\}$$

$$\leqslant \exp\left\{-tET_n - \frac{tr}{2a}e^r nE(X_1^2 \wedge a^2) - \frac{tsa}{r} + ntEZ_1 + \frac{n}{2}e^r t^2 EZ_1^2\right\}$$

$$= e^{-s}.$$

令 $s = x^2/2$ 和 $r = ax/(\sqrt{n}\sigma)$, 即得第二个不等式.

注 如果删失 r.v. $Z_j, j = 1, \cdots, n$, 换成截尾 r.v.

$$Y_j = X_j I(|X_j| \leqslant a), \quad j = 1, \cdots, n,$$

结论仍然成立, 只要在不等式里用 $EX_1^2 I(|X_1| \leqslant a)$ 代替 $E(X_1^2 \wedge a^2)$.

7.12 (Lin)

令 $\{X_n, n \geqslant 1\}$ 为一 r.v. 序列, 假设存在正常数 δ, D 和 σ 使得对每个 j,

$$EX_j = 0, \ E|X_j|^{2+\delta} \leqslant D, \ \sigma_{nk}^2 \equiv \sum_{j=n+1}^{n+k} EX_j^2 \geqslant k\sigma^2.$$

令 N 和 $N_1 = N_1(N)$ 为正整数, 满足 $N_1 \leqslant N$ 和 $N_1^{2+\delta}/N^2 \to \infty \ (N \to \infty)$. 对给定的 $M > 0$, 令

$$Y_j = X_j I(|X_j| < MN^{1/(2+\delta)}) - EX_j I(|X_j| < MN^{2/(2+\delta)}), \quad T_n = \sum_{j=1}^n Y_j.$$

那么对任何给定的 $0 < \varepsilon < 1$, 存在着 $C = C(\varepsilon) > 0$, $N_0 = N_0(\varepsilon)$, $x_0 = x_0(\varepsilon)$, 使得对任意的 $N \geqslant N_0$, $x_0 \leqslant x \leqslant N_1^{1/2}/N^{1/(2+\delta)}$,

$$P\left\{ \max_{1 \leqslant n \leqslant N} \max_{1 \leqslant k \leqslant N_1} |T_{n+k} - T_n|/\sigma_{nN_1} \geqslant (1+\varepsilon)x \right\} \leqslant \frac{CN}{N_1} e^{-x^2/2}.$$

证明 给定 $\varepsilon > 0$. 定义 $m_r = [N_1/r]$ 和 $n_r = [N/m_r + 1]$, 其中 $r > 0$ 将在后面指定. 因为 $EX_j^2 \leqslant \left(E|X_j|^{2+\delta}\right)^{2/(2+\delta)} \leqslant D^{2/(2+\delta)}$, 故对任意的 $n \in ((j-1)m_r, jm_r]$, 只要取 r 充分大, 就有

$$\frac{\sigma_{n,N_1}^2}{\sigma_{jm_r,N_1}^2} \leqslant 1 + \frac{m_r D^{2/(2+\delta)}}{N_1 \sigma^2} \leqslant (1 + \varepsilon/10)^2,$$

如果 $\dfrac{\sigma_{n,N_1}^2}{\sigma_{jm_r,N_1}^2}$ 被 $\dfrac{\sigma_{jm_r,N_1}^2}{\sigma_{n,N_1}^2}$ 代替, 或者 jm_r 被 $(j-1)m_r$ 代替, 我们也能类似地证明同样的不等式. 因此

$$\max_{1 \leqslant n \leqslant N} \max_{1 \leqslant k \leqslant N_1} |T_{n+k} - T_n|/\sigma_{n,N_1}$$
$$\leqslant (1 + \varepsilon/10) \max_{1 \leqslant j \leqslant n_r} \max_{1 \leqslant k \leqslant N_1} |T_{jm_r+k} - T_{jm_r}|/\sigma_{jm_r,N_1}$$
$$+ (1 + \varepsilon/10) \max_{1 \leqslant j \leqslant n_r} \max_{1 \leqslant k \leqslant m_r} |T_{jm_r-k} - T_{jm_r}|/\sigma_{(j-1)m_r,N_1}.$$

因此我们有

$$P\left\{ \max_{1 \leqslant n \leqslant N} \max_{1 \leqslant k \leqslant N_1} |T_{n+k} - T_n|/\sigma_{nN_1} \geqslant (1+\varepsilon)x \right\}$$

$$\leqslant P\left\{\max_{1\leqslant j\leqslant n_r}\max_{1\leqslant k\leqslant N_1}|T_{jm_r+k}-T_{jm_r}|/\sigma_{jm_r,N_1}\geqslant\left(1+\frac{1}{3}\varepsilon\right)x\right\}$$

$$+P\left\{\max_{1\leqslant j\leqslant n_r}\max_{1\leqslant k\leqslant m_r}|T_{jm_r-k}-T_{jm_r}|/\sigma_{(j-1)m_r,N_1}\geqslant\frac{1}{3}\varepsilon x\right\}. \quad (29)$$

在强化的 Kolmogorov 上界不等式 (即 7.9c) 中取 $c=MN^{1/(2+\delta)}/\sigma_{jm_r,N_1}<M\sigma^{-1}N^{1/(2+\delta)}N_1^{-1/2}$, 对于 $x\leqslant N_1^{1/2}N^{-1/(2+\delta)}$(因此 $xc\leqslant M\sigma^{-1}$), 我们有

$$P\left\{\max_{1\leqslant j\leqslant n_r}\max_{1\leqslant k\leqslant N_1}|T_{jm_r+k}-T_{jm_r}|/\sigma_{jm_r,N_1}\geqslant\left(1+\frac{1}{3}\varepsilon\right)x\right\}$$

$$\leqslant\sum_{j=1}^{n_r}P\left\{\max_{1\leqslant k\leqslant N_1}|T_{jm_r+k}-T_{jm_r}|/\sigma_{jm_r,N_1}\geqslant\left(1+\frac{1}{3}\varepsilon\right)x\right\}$$

$$\leqslant n_r\exp\left\{-\frac{x^2(1+\frac{1}{3}\varepsilon)^2}{2}\left(1-\frac{1}{3}(M/\sigma)^{1-\delta}e^{M/\delta}D\sigma^{-(2+\delta)}N_1^{-\delta/2}\right)\right\}$$

$$\leqslant C_1rNN_1^{-1}\exp\left\{-\frac{x^2}{2}\right\}, \quad (30)$$

只要其中的 N 充分大, 使得 $(1+\frac{1}{3}\varepsilon)^2(1-\frac{1}{3}(M/\sigma)^{1-\delta}e^{M/\delta}D\sigma^{-(2+\delta)}N_1^{-\delta/2})\geqslant 1$. 注意到 $\sigma_{jm_r,m_r}\leqslant\sqrt{m_r}D^{1/(2+\delta)}$, 取 r 足够大就有

$$\frac{\varepsilon\sigma_{jm_r,N_1}}{3\sigma_{jm_r,m_r}}\geqslant\frac{\varepsilon\sigma\sqrt{N_1}}{3\sqrt{m_r}D^{1/(2+\delta)}}\geqslant\frac{\varepsilon\sigma\sqrt{r}}{3D^{1/(2+\delta)}}\geqslant 1+\frac{1}{3}\varepsilon,$$

和 (30) 的论证一样, 我们有

$$P\left\{\max_{1\leqslant j\leqslant n_r}\max_{1\leqslant k\leqslant m_r}|T_{jm_r-k}-T_{jm_r}|/\sigma_{(j-1)m_r,N_1}\geqslant\frac{1}{3}\varepsilon x\right\}$$

$$\leqslant\sum_{j=1}^{n_r}P\left\{\max_{1\leqslant k\leqslant m_r}|T_{jm_r-k}-T_{jm_r}|/\sigma_{(j-1)m_r,m_r}\geqslant\frac{\varepsilon x\sigma_{(j-1)m_r,N_1}}{3\sigma_{(j-1)m_r,m_r}}\right\}$$

$$\leqslant\sum_{j=1}^{n_r}P\left\{\max_{1\leqslant k\leqslant m_r}|T_{jm_r-k}-T_{jm_r}|/\sigma_{(j-1)m_r,m_r}\geqslant\left(1+\frac{1}{3}\varepsilon\right)x\right\}$$

$$\leqslant C_2rNN_1^{-1}\exp\left(-\frac{x^2}{2}\right). \quad (31)$$

把 (30) 和 (31) 代入 (29) 即得待证的不等式.

7.13

令 $\{X_n, n \geqslant 1\}$ 为 i.i.d.r.v. 序列, 满足 $P(X_1 = 1) = P(X_1 = -1) = 1/2$, 此即所谓的 Bernoulli (或 Rademacher) 序列. 又令 $\{\alpha_n, n \geqslant 1\}$ 是实数序列, 使得 $a \equiv (\sum_{n=1}^{\infty} \alpha_n^2)^{1/2} < \infty$. 那么对任意的 $x > 0$

$$P\left\{\left|\sum_{n=1}^{\infty} \alpha_n X_n\right| \geqslant x\right\} \leqslant 2\exp(-x^2/2a^2).$$

如果存在常数 $K > 0$ 满足 $x \geqslant Ka$ 和 $x \max_{n \geqslant 1} |\alpha_n| \leqslant K^{-1} a^2$, 那么

$$P\left\{\left|\sum_{n=1}^{\infty} \alpha_n X_n\right| \geqslant x\right\} \leqslant \exp(-Kx^2/a^2).$$

证明　注意到对任意的 $t > 0$,

$$E\exp\left(t\sum_{n=1}^{\infty} \alpha_n X_n\right) \leqslant \prod_{n=1}^{\infty} \exp\left(\frac{t^2}{2}\alpha_n^2\right) = \exp\left(\frac{t^2 a^2}{2}\right),$$

第一个不等式可证.

从 7.11 可推出第二个不等式.

注　令 $\{Y_n, n \geqslant 1\}$ 为 r.v. 序列. 我们考虑 $\sum X_n Y_n$ 而不是 $\sum Y_n$, 其中 $\{X_n\}$ 是与 $\{Y_n\}$ 独立的 Bernoulli 序列. 上述两个和有共同的分布函数. 那么, 在给定 $\{Y_n\}$ 的条件下, 我们可以像 7.13 那样研究 $\sum X_n Y_n$.

8. 关于一个或两个随机变量的矩不等式

下面的不等式是由数学期望 $E(\cdot)$ 给出的矩不等式, 但如果 $E(\cdot)$ 被替换为条件数学期望 $E(\cdot|\mathcal{A})$, 相应的条件矩不等式也是正确的.

8.1

对任意的正数 r 和 C,

$$E|XI(|X| \leqslant C)|^r \leqslant E|X|^r.$$

证明

$$
\begin{aligned}
E|X|^r &= \int P\{|X|^r > x\}dx \\
&\geqslant \int P\{|X|^r I(|X| \leqslant C) > x\}dx = E|XI(|X| \leqslant C)|^r.
\end{aligned}
$$

8.2

如果 $X \leqslant 1$ a.s., 那么

$$E(\exp(X)) \leqslant \exp(EX + EX^2).$$

证明 此不等式可由下面的初等不等式得到: 对任意的 $x \leqslant 1$

$$e^x \leqslant 1 + x + x^2.$$

8.3 (c_r不等式)

$$E\left|\sum_{i=1}^{n} X_i\right|^r \leqslant c_r \sum_{i=1}^{n} E|X_i|^r,$$

其中 $c_r = 1$ 或者 n^{r-1}, 取决于 $0 < r \leqslant 1$ 或者 $r > 1$.

证明 我们用概率的方法来证明上述初等不等式. 首先设 $r > 1$. 令 ξ 是以概率 $1/n$ 分别取值 $a_1, \cdots, a_n$ 的 r.v., 则

$$E|\xi| = \frac{1}{n} \sum_{i=1}^{n} |a_i|, \quad E|\xi|^r = \frac{1}{n} \sum_{i=1}^{n} |a_i|^r.$$

利用 Jensen 不等式, 即得

$$\frac{1}{n^r} \left(\sum_{i=1}^{n} |a_i| \right)^r \leqslant \frac{1}{n} \sum_{i=1}^{n} |a_i|^r.$$

当 $0 < r \leqslant 1$ 时, 只需证明 $a_1, \cdots, a_n$ 不全为 0 的情形. 这时

$$|a_k| / \sum_{i=1}^{n} |a_i| \leqslant |a_k|^r \left/ \left(\sum_{i=1}^{n} |a_i| \right)^r \right., \quad k = 1, \cdots, n.$$

将上述不等式相加即得待证的不等式.

8.4 (Hölder 型不等式)

8.4a(Hölder 不等式) 对于 $p > 1$ 和 $q > 1$ (满足 $\frac{1}{p} + \frac{1}{q} = 1$),

$$E|XY| \leqslant (E|X|^p)^{1/p} (E|Y|^q)^{1/q}.$$

证明 我们假设 $0 < E|X|^p, E|Y|^q < \infty$, 否则不等式是显然的. 注意到 $-\log x$ 在 $(0, \infty)$ 上是凸函数, 因此, 对于 $a, b > 0$ 我们有

$$-\log \left(\frac{a^p}{p} + \frac{b^q}{q} \right) \leqslant -\frac{1}{p} \log a^p - \frac{1}{q} \log b^q = -\log ab,$$

或者等价地

$$ab \leqslant \frac{a^p}{p} + \frac{b^q}{q}, \quad 0 \leqslant a, b \leqslant \infty.$$

因此

$$E(|X|/(E|X|^p)^{1/p})(|Y|/(E|Y|^q)^{1/q})$$

$$\leqslant \frac{1}{p} E(|X|/(E|X|^p)^{1/p})^p + \frac{1}{q} E(|Y|/(E|Y|^q)^{1/q})^q$$

$$= \frac{1}{p} + \frac{1}{q} = 1,$$

由此推得所要的不等式.

8.4b(Cauchy-Schwarz 不等式)

$$E|XY| \leqslant (EX^2)^{1/2}(EY^2)^{1/2}.$$

证明 在 Hölder 不等式中令 $p = q = 2$.

8.4c(Lyapounov 不等式) 记 $\beta_p = E|X|^p$. 对于 $0 \leqslant r \leqslant s \leqslant t$ 有

$$\beta_s^{t-r} \leqslant \beta_r^{t-s}\beta_t^{s-r}.$$

证明 令 $p = \frac{t-r}{t-s}$, $q = \frac{t-r}{s-r}$, 并将 (8.4a) 中的 X 和 Y 分别替换为 $|X|^{\frac{t-s}{t-r}r}$ 和 $|X|^{\frac{s-r}{t-r}t}$.

注 从 Lyapounov 不等式, 我们得到

$$\log \beta_s \leqslant \frac{t-s}{t-r}\log \beta_r + \frac{s-r}{t-r}\log \beta_t.$$

也就是说, $\log \beta_s$ 是关于 s 的凸函数.

8.4d(Hölder 不等式的推广) 对于 $0 < p < 1$ 和 $q = -p/(1-p)$,

$$E|XY| \geqslant (E|X|^p)^{1/p}(E|Y|^q)^{1/q}.$$

证明 令 $X' = |XY|^p$, $Y' = |Y|^{-p}$. 那么由 Hölder 不等式

$$E|X|^p = EX'Y' \leqslant (EX'^{1/p})^p(EY'^{1/(1-p)})^{1-p} = (E|XY|)^p(E|Y|^q)^{1-p},$$

由此推得所要证的不等式.

8.5 (Jensen 型不等式)

8.5a(Jensen 不等式) 令 g 为 R^1 上的凸函数. 假设 X 和 $g(X)$ 的数学期望都存在, 那么

$$g(EX) \leqslant Eg(X).$$

对于严格凸的函数 g, 等号成立当且仅当 $X = EX$ a.s.

证明 我们需要下列 R^1 上的凸函数的性质: 对任意的 x 和 y,

$$g(x) \geqslant g(y) + (x-y)g_r'(y), \tag{32}$$

其中 g'_r 是 g 的右导数 (参见 Hardy 等 1952, 91~95 页). 在上面不等式中令 $x = X$, $y = EX$, 得到

$$g(X) \geqslant g(EX) + (X - EX)g'_r(EX).$$

两边取数学期望即得所要的不等式.

如果 g 是严格凸的, 则 g'_r 是严格递增的. 如果 $X = EX$ a.s., 显然 $Eg(X) = g(EX)$. 反过来, 如果 $Eg(X) = g(EX)$, 在 (32) 中令 $x = EX$, $y = X$, 我们得到

$$E(EX - X)g'_r(X) = 0 \quad \Rightarrow \quad E(EX - X)(g'_r(X) - g'_r(E(X))) = 0,$$

由此推得 $X = EX$ a.s.

8.5b(单调性 ——Jensen 不等式的一个推论) 对任意的 $0 < r \leqslant s$,

$$(E|X|^r)^{1/r} \leqslant (E|X|^s)^{1/s}.$$

特别地, 对任意的 $p \geqslant 1$,

$$E|X| \leqslant (E|X|^p)^{1/p}.$$

证明 取 $g(x) = |x|^{s/r}$ 且在 Jensen 不等式里用 $|X|^r$ 替换 X.

注 这个不等式表明 $\beta_s^{1/s}$ 关于 s 是一个递增函数.

8.5c(算术 — 几何不等式) 令 X 是一非负 r.v., 则

$$EX \geqslant \exp\{E \log X\}.$$

等式成立当且仅当 X 是退化的 r.v. 或 $E \log X = \infty$.

证明 显然只需考虑 $EX < \infty$ 的情形. 不等式是 8.5a 的一个直接推论, 只需取其中的 g 如下: 如果 $x > 0$, $g(x) = -\log x$; 如果 $x \leqslant 0$, $g(x) = \infty$.

注 上述不等式的一个形式上的推广是: 令 X 是一非负的 r.v., 则

$$(EX^r)^{1/r} \geqslant \exp\{E \log X\}, \quad r \geqslant 1;$$

$$(EX^r)^{1/r} \leqslant \exp\{E \log X\}, \quad 0 < r < 1.$$

8.6

令 $Y = aI(X < a) + XI(a \leqslant X \leqslant b) + bI(X > b)$ $(-\infty \leqslant a < b \leqslant \infty)$. 那么, 如果 $E|X| < \infty$, 则对 $1 \leqslant p < \infty$

$$E|X - EX|^p \geqslant E|Y - EY|^p.$$

证明 令 $\alpha(t) = a \vee (t \wedge b)$, $\beta(t) = t - \alpha(t) - EX + E\alpha(X)$, 它们关于 t 都是非降的. 利用 8.5a 中的关于凸函数的不等式 (32) 且取 $g(x) = |x|^p$, 得

$$|X - EX|^p \geqslant |\alpha(X) - E\alpha(X)|^p + \beta(X)g_r'(\alpha(X) - E\alpha(X)).$$

记 $t_0 = \inf\{t : \beta(t) > 0\}$. 于是, 当 $\beta(x) > 0$ 时, $x \geqslant t_0$; 当 $\beta(x) < 0$ 时, $x \leqslant t_0$. 因为 g_r' 和 α 都是非降的, 可得

$$\beta(X)g_r'(\alpha(X) - E\alpha(X)) \geqslant \beta(X)g_r'(\alpha(t_0) - E\alpha(X)).$$

对上面的两个不等式取数学期望并注意到 $E\beta(X) = 0$, 即得所要的结论.

注 作为一个推论, 我们有 $\operatorname{Var} X^+ \leqslant \operatorname{Var} X$, $\operatorname{Var} X^- \leqslant \operatorname{Var} X$.

8.7

如果 X 和 Y 为两个 r.v., 满足 $E|X|^r < \infty$, $E|Y|^r < \infty$, $r \geqslant 1$, 且 $E(Y|X) = 0$ a.s., 那么

$$E|X + Y|^r I_A \geqslant E|X|^r I_A,$$

其中 A 是定义在 X 上的事件. 如果 X 和 Y 还是相互独立的, 且 $EY = 0$, 那么

$$E|X + Y|^r \geqslant E|X|^r. \tag{33}$$

证明 所要的不等式可从下面的 (条件) Jensen 不等式推得

$$|X|^r I_A = |E((X + Y)I_A|X)|^r \leqslant E(|X + Y|^r I_A|X).$$

注 一般地, 如果 $f(x)$ 是定义在 $[0, \infty)$ 上的凸函数, 那么由条件 Jensen 不等式得 $f(|X|I_A) = f(|E((X + Y)I_A|X)|) \leqslant E[f(|X + Y|I_A)|X]$. 因此我们有

$$Ef(|X + Y|I_A) \geqslant Ef(|X|I_A).$$

8.8

令 X 和 X' 为 i.i.d.r.v., 对某个 r, $E|X|^r < \infty$.

8.8a　对于 $0 < r \leqslant 2$, 我们有

$$\frac{1}{2}E|X - X'|^r \leqslant E|X|^r \leqslant E|X - X'|^r.$$

证明　右边的不等式从 8.7 得到. 我们仅需考虑当 $0 < r < 2$ 时左边的不等式. 对于 $r = 2$ 情形, 不等式是显然的. 用 $F(x)$ 和 $f(t)$ 分别表示 X 的 d.f. 和 c.f. 我们有等式

$$|x|^r = K(r) \int_{-\infty}^{\infty} (1 - \cos xt)/|t|^{r+1} dt, \quad 0 < r < 2,$$

其中 x 是实数且

$$K(r) = \left(\int_{-\infty}^{\infty} \frac{1 - \cos u}{|u|^{r+1} du} \right)^{-1} = \left(\frac{\Gamma(r+1)}{\pi} \right) \sin r\pi/2.$$

于是

$$E|X|^r = \int_{-\infty}^{\infty} |x|^r dF(x) = K(r) \int_{-\infty}^{\infty} \int_{-\infty}^{\infty} \frac{1 - \cos xt}{|t|^{r+1} dtdF(x)}$$

$$= K(r) \int_{-\infty}^{\infty} \frac{1 - \mathrm{Re}f(t)}{|t|^{r+1} dt}. \tag{34}$$

再结合等式 $2(1 - \mathrm{Re}f(t)) = (1 - |f(t)|^2) + |1 - f(t)|^2$, 可得

$$E|X|^r = \frac{1}{2}E|X - X'|^r + \frac{1}{2}K(r) \int_{-\infty}^{\infty} \frac{|1 - f(t)|^2}{|t|^{r+1}} dt, \quad 0 < r < 2,$$

由此推得左边的不等式.

8.8b　对任意的 a 和 $r > 0$,

$$\frac{1}{2}E|X - mX|^r \leqslant E|X - X'|^r \leqslant 2c_r E|X - a|^r.$$

证明　由 c_r 不等式 (即 8.3),

$$E|X - X'|^r = E|(X - a) - (X' - a)|^r \leqslant c_r(E|X - a|^r + E|X' - a|^r)$$

$$= 2c_r E|X - a|^r.$$

这就是右边的不等式. 如果 $E|X - X'|^r = \infty$, 左边的不等式是显然的. 那么, 根据刚才证明的不等式 (取 $a = mX$), $E|X - mX|^r = \infty$. 因此我们可以假设 $E|X - X'|^r < \infty$. 记

$$q(x) = P\{|X - mX| \geqslant x\} \quad 和 \quad q^s(x) = P\{|X - X'| \geqslant x\}.$$

由对称不等式 5.3a, $q(x) \leqslant 2q^s(x)$. 因此由分部积分得

$$E|X - mX|^r = -\int_0^\infty x^r dq(x) = \int_0^\infty q(x)dx^r$$

$$\leqslant 2\int_0^\infty q^s(x)dx^r = -2\int_0^\infty x^r dq^s(x)$$

$$= 2E|X - X'|^r.$$

8.9 (Kimball)

令 $u(x)$ 和 $v(x)$ 同为非增或非降的函数. 那么

$$Eu(X)Ev(X) \leqslant E(u(X)v(X))$$

(如果上式左边的数学期望存在的话).

证明 令 Y 为与 X 独立且有相同 d.f. 的 r.v. 那么

$$2\text{Cov}(u(X), v(X)) = E\{(u(X) - u(Y))(v(X) - v(Y))\}$$

$$= E\int\int\{I(u(X) \geqslant s) - I(u(Y) \geqslant t)\}\{I(v(X) \geqslant s) - I(v(Y) \geqslant t)\}dsdt$$

$$= \int\int\{P(u(X) < s, v(X) < t) - P(u(X) < s)P(v(X) < t)\}dsdt. \quad (35)$$

因为 $u(x)$ 和 $v(x)$ 同为非增或者同为非降，我们得到

$$P(u(X) < s, v(X) < t) = \min\{P(u(X) < s), P(v(X) < t)\}$$
$$\geqslant P(u(X) < s)P(v(X) < t).$$

把它代入 (35) 推得所要的不等式.

8.10 (Csáki, Csörgő 和 Shao)

令 $1 \leqslant p < 2$, X 为标准正态 r.v., 那么对每个 $t > 0$ 和 $\varepsilon > 0$, 有

$$\exp(t^{\frac{2}{2-p}}\beta_p) \leqslant E\exp(t|X|^p)$$
$$\leqslant \exp\left\{t\delta_p + t^{\frac{2}{2-p}}\beta_p + t^{\frac{3}{2}}\frac{9}{(2-p)^2}\right\} \wedge \exp\{(1+\varepsilon)t\delta_p + t^{\frac{2}{2-p}}(\beta_p + c(\varepsilon,p))\},$$

其中

$$\delta_p = E|X|^p, \quad \beta_p = p^{\frac{p}{2-p}}\frac{2-p}{2}, \quad c(\varepsilon,p) = \left(\frac{18}{2-p}\right)^{\frac{8}{2-p}}\left(\frac{1}{\varepsilon}\right)^{\frac{3p-2}{2-p}}.$$

证明 令 $f(x) = \exp(-\frac{1}{2}x^2 + tx^p)$. 显然 $f(x)$ 在 $(0, (pt)^{1/(2-p)})$ 上是递增的, 在 $((pt)^{1/(2-p)}, \infty)$ 上是递减的. 因此我们有

$$f(x) \leqslant \exp\left\{t(pt)^{p/(2-p)} - \frac{1}{2}(pt)^{2/(2-p)}\right\}$$
$$= \exp(t^{\frac{2}{2-p}}\beta_p), \qquad\qquad 若 \ 0 \leqslant x \leqslant (pt)^{1/(2-p)},$$
$$f\left(x + (pt)^{\frac{1}{2-p}}\right)$$
$$= \exp\left\{t(pt)^{\frac{p}{2-p}}\left(1 + \frac{x}{(pt)^{1/(2-p)}}\right)^p - \frac{1}{2}\left(x + (pt)^{\frac{1}{2-p}}\right)^2\right\}$$
$$\leqslant \exp\left\{t(pt)^{\frac{p}{2-p}}\left(1 + \frac{px}{(pt)^{1/(2-p)}} + \frac{p(p-1)x^2}{2(pt)^{2/(2-p)}}\right) - \frac{1}{2}\left(x + (pt)^{\frac{1}{2-p}}\right)^2\right\}$$
$$= \exp\left(t^{\frac{2}{2-p}}\beta_p\right)\exp\left(-\frac{2-p}{2}x^2\right), \qquad\qquad 若 \ x > 0.$$

此外, 对 $x \geqslant 0$,
$$e^x \leqslant 1 + x + \frac{1}{2}x^{3/2}e^x.$$

如果 $pt \leqslant 1$, 由上面三个不等式可知

$$E\exp(t|X|^p) \leqslant 1 + tE|X|^p + \frac{t^{3/2}}{2}E|X|^{3p/2}e^{t|X|^p}$$

$$= 1 + t\delta_p + \sqrt{\frac{2}{\pi}}t^{3/2}\left\{\int_0^{(pt)^{1/(2-p)}} x^{3p/2}f(x)dx\right.$$

$$\left. + \int_0^\infty (x + (pt)^{1/(2-p)})^{3p/2}f(x + (pt)^{1/(2-p)})dx\right\}$$

$$= 1 + t\delta_p + \sqrt{\frac{2}{\pi}}t^{3/2}\exp(t^{2/(2-p)}\beta_p)\left\{1 + 2^{3p/2-1}\int_0^\infty (1 + x^{3p/2})\right.$$

$$\left.\cdot \exp\left(-\frac{2-p}{2}x^2\right)dx\right\}$$

$$\leqslant 1 + t\delta_p + t^{3/2}\exp(t^{2/(2-p)}\beta_p)\left(1 + \frac{2}{(2-p)^{1/2}} + \frac{6}{(2-p)^{3p/4+1/2}}\right)$$

$$\leqslant 1 + t\delta_p + \frac{9t^{3/2}}{(2-p)^2}\exp(t^{2/(2-p)}\beta_p)$$

$$\leqslant \exp\left\{t\delta_p + t^{2/(2-p)}\beta_p + \frac{9t^{3/2}}{(2-p)^2}\right\}.$$

类似地, 如果 $pt > 1$, 我们有

$$E\exp(t|X|^p)$$

$$= \frac{2}{\sqrt{2\pi}}\left\{\int_0^{(pt)^{1/(2-p)}} f(x)dx + \int_0^\infty f(x + (pt)^{1/(2-p)})dx\right\}$$

$$\leqslant \exp(t^{2/(2-p)}\beta_p)\left\{(pt)^{1/(2-p)} + \frac{2}{\sqrt{2\pi}}\int_0^\infty \exp\left(-\frac{2-p}{2}x^2\right)dx\right\}$$

$$= \exp(t^{2/(2-p)}\beta_p)\{(pt)^{1/(2-p)} + (2-p)^{-1/2}\}$$

$$\leqslant \exp\left\{t^{2/(2-p)}\beta_p + \frac{2}{3(2-p)}\log(pt)^{3/2} + \frac{1}{2}\log\frac{1}{2-p}\right\}$$

$$\leqslant \exp\left\{t^{2/(2-p)}\beta_p + \frac{2(pt)^{3/2}}{3(2-p)} + \frac{(pt)^{3/2}}{2(2-p)}\right\}$$

$$\leqslant \exp\left\{t^{2/(2-p)}\beta_p + \frac{8}{2-p}t^{3/2}\right\}$$

$$\leqslant \exp\left\{t^{2/(2-p)}\beta_p + t\delta_p + \frac{9}{(2-p)^2}t^{3/2}\right\}.$$

由这两个不等式得

$$E \exp(t|X|^p) \leqslant \exp\left\{t\delta_p + t^{2/(2-p)}\beta_p + t^{3/2}\frac{9}{(2-p)^2}\right\}.$$

下面我们来证明另一个上界. 注意到 $\delta_p \geqslant (E|X|)^p = (\sqrt{2/\pi})^p \geqslant 1/2$, 我们有

$$\frac{9}{(2-p)^2}t^{3/2} \leqslant \frac{\varepsilon t}{2} + \frac{9}{(2-p)^2}\left(\frac{18}{\varepsilon(2-p)^2}\right)^{\frac{4}{2-p}-3}t^{\frac{2}{2-p}}$$

$$\leqslant \varepsilon\delta_p t + \left(\frac{18}{2-p}\right)^{\frac{8}{2-p}}\left(\frac{1}{\varepsilon}\right)^{\frac{3p-2}{2-p}}\beta_p t^{\frac{2}{2-p}}.$$

和第一个上界相结合, 即可推出第二个上界.

考虑下界. 我们有

$$E \exp(t|X|^p)$$
$$= \frac{2}{\sqrt{2\pi}}\int_0^{(pt)^{\frac{1}{2-p}}} \exp\left(tx^p - \frac{x^2}{2}\right)dx + \frac{2}{\sqrt{2\pi}}\int_{(pt)^{\frac{1}{2-p}}}^\infty \exp\left(tx^p - \frac{x^2}{2}\right)dx$$
$$\geqslant \frac{2}{\sqrt{2\pi}}\int_0^{(pt)^{\frac{1}{2-p}}} \exp\left\{t(pt)^{\frac{p}{2-p}}\left(1 - \frac{x}{(pt)^{\frac{1}{2-p}}}\right)^p - \frac{1}{2}\left((pt)^{\frac{1}{2-p}} - x\right)^2\right\}dx$$
$$+ \frac{2}{\sqrt{2\pi}}\exp(t(pt)^{\frac{p}{2-p}})\int_{(pt)^{\frac{1}{2-p}}}^\infty \exp\left(-\frac{1}{2}x^2\right)dx.$$

因此, 并注意到对于 $0 \leqslant x \leqslant (pt)^{1/(2-p)}$,

$$t(pt)^{\frac{p}{2-p}}\left(1 - \frac{x}{(pt)^{1/(2-p)}}\right)^p - \frac{1}{2}((pt)^{1/(2-p)} - x)^2$$
$$\geqslant t(pt)^{\frac{p}{2-p}}\left(1 - \frac{px}{(pt)^{1/(2-p)}}\right) - \frac{1}{2}((pt)^{1/(2-p)} - x)^2$$
$$= t^{\frac{2}{2-p}}\beta_p - \frac{1}{2}x^2,$$

我们得到

$$E \exp(t|X|^p) \geqslant \frac{2}{\sqrt{2\pi}}\exp(t^{\frac{2}{2-p}}\beta_p)\int_0^{(pt)^{1/(2-p)}} \exp\left(-\frac{x^2}{2}\right)dx$$

$$+\frac{2}{\sqrt{2\pi}}\exp(t^{\frac{2}{2-p}}p^{\frac{p}{2-p}})\int_{(pt)^{\frac{1}{2-p}}}^{\infty}\exp\left(-\frac{x^2}{2}\right)dx$$

$$\geqslant \exp(t^{\frac{2}{2-p}}\beta_p).$$

8.11

令 X 为非负随机变量.

8.11a 设 $d>0$ 为整数. 下列结论等价:

(i) 存在着 $K>0$ 使得对任意的 $p\geqslant 2$,

$$(EX^p)^{1/p}\leqslant Kp^{d/2}(EX^2)^{1/2};$$

(ii) 对某一个 $t>0$,

$$E\exp(tX^{2/d})<\infty.$$

证明 等价性可通过展开 (ii) 中的指数函数得到.

8.11b 设 a 和 b 为正数. 下列结论等价:

(a) 存在 $K>0$ 使得对任意的 $x>0$,

$$P\{X>K(b+ax)\}\leqslant K\exp(-x^2/K);$$

(b) 存在 $K>0$ 使得对任意的 $p\geqslant 1$,

$$(EX^p)^{1/p}\leqslant K(b+a\sqrt{p}).$$

证明 (a)$\Leftrightarrow$(ii) $(d=1)$ $\Leftrightarrow$(i) $(d=1)$ $\Leftrightarrow$(b).

8.11c(Tong) 如果 $EX^k<\infty$, 那么对所有的 $k>r\geqslant 2$ 成立

$$EX^k\geqslant (EX^{k/r})^r\geqslant (EX)^k+(EX^{k/r}-(EX)^{k/r})^r. \tag{36}$$

一个特殊的形式是

$$EX^k\geqslant (EX)^k+(\mathrm{Var}X)^{k/2}. \tag{37}$$

等号成立当且仅当 $X=EX$ a.s.

证明 (36) 中的第一个不等式可从 Lyapounov 不等式 (即 8.4c) 得到, 而 (36) 中的第二个不等式可从下面的初等不等式得到: 对任意的 $a>b>0, r\geqslant 1$,

$$(a+b)^r-a^r=rb\xi^{r-1}\geqslant b^r, \tag{38}$$

其中 $\xi \geqslant a > b$.

取 $r = k/2$, 不等式 (37) 可立刻由 (36) 推得. 由 8.5a, (37) 中等号成立当且仅当 $X = EX$ a.s.

8.12

令 X 为一 r.v., $EX = 0$. 令 $a > 0$, $0 \leqslant \alpha \leqslant 1$. 那么对任意的 $t \geqslant 0$, 我们有

$$E \exp\{tXI(X \leqslant a)\} \leqslant \exp\left\{\frac{t^2}{2}EX^2 + \frac{t^{2+\alpha}e^{ta}E|X|^{2+\alpha}}{(\alpha+1)(\alpha+2)}\right\}.$$

证明 对 $u \leqslant u_0$, 我们有

$$e^u - 1 - u - \frac{1}{2}u^2 = \int_0^u \int_0^s (e^w - 1)dwds \leqslant \left|\int_0^u \int_0^s |w|^{\alpha}e^{u_0}dwds\right|$$

$$= \frac{|u|^{2+\alpha}e^{u_0}}{(\alpha+1)(\alpha+2)}.$$

因此

$$E \exp\{tXI(X \leqslant a)\}$$

$$= 1 + tEXI(X \leqslant a) + \frac{t^2}{2}EX^2I(X \leqslant a) + \frac{t^{2+\alpha}e^{ta}E|X|^{2+\alpha}}{(\alpha+1)(\alpha+2)}$$

$$\leqslant 1 + \frac{t^2}{2}EX^2 + \frac{t^{2+\alpha}e^{ta}E|X|^{2+\alpha}}{(\alpha+1)(\alpha+2)}$$

$$\leqslant \exp\left\{\frac{t^2}{2}EX^2 + \frac{t^{2+\alpha}e^{ta}E|X|^{2+\alpha}}{(\alpha+1)(\alpha+2)}\right\}.$$

$9.$ 随机变量和的 (极大的) 矩估计

9.1

设 $X_1, \cdots, X_n$ 为 r.v., 记 $S_n = \sum_{j=1}^n X_j$.

9.1a 对于 $r \geqslant 1$, $E|S_n|^r \leqslant n^{r-1} \sum_{j=1}^n E|X_j|^r$.

证明 把 C_r 不等式 8.3 应用于 r.v. 的算术平均且取

$$g(x) = |x|^r, \quad r > 1.$$

9.1b 对于 $0 < r \leqslant 1$, $E|S_n|^r \leqslant \sum_{j=1}^n E|X_j|^r$.

证明 由 c_r 不等式即得.

9.1c 令 $1 \leqslant r \leqslant 2$. 如果 $X_1, \cdots, X_n$ 为独立对称的 r.v. (或者更一般地, 在给定 S_j 的条件下, X_{j+1} 的条件分布是对称的, $1 \leqslant j \leqslant n-1$), 那么

$$E|S_n|^r \leqslant \sum_{j=1}^n E|X_j|^r. \tag{39}$$

证明 如果 $n = 1$, 不等式是显然的. 设 $n \geqslant 2$, 我们将用归纳法证明. 固定 $m, 1 \leqslant m < n$ 并且令 $f_m(t)$ 为 X_{m+1} 的 c.f. (对一般情形, $f_m(t)$ 为给定 S_m 的条件下的条件 c.f., $f_m(t) = E(\exp(\mathrm{i} t X_{m+1})|S_m))$. 根据对称性假设, $f_m(t)$ 是实的. 给定 S_m 的条件下, S_{m+1} 的条件 c.f. 是 $\exp(\mathrm{i} t S_m) f_m(t)$. 应用 (34), 我们们得到

$$E(|S_{m+1}|^r|S_m) = K(r) \int \frac{1 - \cos(t S_m) f_m(t)}{|t|^{r+1}} dt \quad \text{a.s.}$$

而其中的

$$1 - \cos(t S_m) f_m(t)$$
$$= (1 - \cos(t S_m)) + (1 - f_m(t)) - (1 - \cos(t S_m))(1 - f_m(t))$$
$$\leqslant (1 - \cos(t S_m)) + (1 - f_m(t)).$$

因此

$$E(|S_{m+1}|^r|S_m) \leqslant K(r)\int \frac{1-\cos(tS_m)}{|t|^{r+1}}dt + K(r)\int \frac{1-f_m(t)}{|t|^{r+1}}dt$$

$$= |S_m|^r + E(|X_{m+1}|^r|S_m).$$

取数学期望, 得 $E|S_{m+1}|^r \leqslant E|S_m|^r + E(|X_{m+1}|^r)$. 由归纳法不等式得证.

9.2 (Minkowski 型不等式)

9.2a(Minkowski 不等式) 对 $r \geqslant 1$,

$$\left(E\left|\sum_{j=1}^n X_j\right|^r\right)^{1/r} \leqslant \sum_{j=1}^n (E|X_j|^r)^{1/r};$$

对 $0 < r < 1$,

$$\left(E\left(\left|\sum_{j=1}^n X_j\right|\right)^r\right)^{1/r} \geqslant \sum_{j=1}^n (E|X_j|^r)^{1/r}.$$

证明 显然, 我们只需考虑 $n = 2$ 的情形. 令 $r > 1$. 由 Hölder 不等式 8.4a,

$$E|X_1 + X_2|^r \leqslant E(|X_1||X_1 + X_2|^{r-1}) + E(|X_2||X_1 + X_2|^{r-1})$$

$$\leqslant ((E|X_1|^r)^{1/r} + (E|X_2|^r)^{1/r})(E|X_1 + X_2|^r)^{(r-1)/r}.$$

两边都除以 $(E|X_1 + X_2|^r)^{(r-1)/r}$, 得第一个不等式.

用 8.4d 代替 8.4a, 类似地可证第二个不等式.

注 事实上, 如果 $r \geqslant 1$, 那么 $(E|X|^r)^{1/r}$ 可看作是 X 的范数. 因此, 第一个不等式是三角不等式的一个推论.

9.2b(Minkowski 相伴不等式) 对于 $r \geqslant 1$,

$$E\left(\sum_{j=1}^n |X_j|\right)^r \geqslant \sum_{j=1}^n E|X_j|^r;$$

对于 $0 < r < 1$,

$$E\left(\sum_{j=1}^n |X_j|\right)^r < \sum_{j=1}^n E|X_j|^r.$$

证明 对于 $r \geqslant 1$, 注意到对每个 $j = 1, \cdots, n, |X_j|/(\sum_{k=1}^n |X_k|^r)^{1/r} \leqslant 1$ 成立, 我们有

$$\left(\sum_{j=1}^n |X_j| \Big/ \left(\sum_{k=1}^n |X_k|^r\right)^{1/r}\right) \geqslant \left(\sum_{j=1}^n |X_j|^r \Big/ \left(\sum_{k=1}^n |X_k|^r\right)\right) = 1.$$

由此推得第一个不等式. 如果 $0 < r < 1$, 上述不等式有相反的不等号, 所以第二个不等式得证.

9.3

9.3a(von Bahr-Esseen) 令 $1 \leqslant r \leqslant 2$, 记 $D_r \equiv (13.52/(2.6r)^r)\Gamma(r)$ $\cdot \sin(r\pi/2) < 1$. 如果 $X_1, \cdots, X_n$ 是独立 r.v., $EX_j = 0, j = 1, \cdots, n$, 那么

$$E|S_n|^r \leqslant (1 - D_r)^{-1} \sum_{j=1}^n E|X_j|^r.$$

证明 由简单的运算可得对任意的实数 a,

$$|1 - e^{ia} + ia| \leqslant 1.3|a|, \qquad |1 - e^{ia} + ia| \leqslant 0.5a^2.$$

第一个不等式的 $(2-r)$ 次幂乘以第二个不等式的 $(r-1)$ 次幂, 我们得到 $|1 - e^{ia} + ia| \leqslant (3.38/(2.6)^r)|a|^r$. 令 X 为 r.v., 其 d.f. 为 $F(x)$, c.f. 为 $f(t)$, $EX = 0$ 且 $\beta_r \equiv E|X|^r < \infty$. 那么

$$|1 - f(t)| = \left|\int(1 - e^{itx} + itx)dF(x)\right|$$
$$\leqslant (3.38/(2.6)^r)\beta_r|t|^r, \qquad -\infty < t < \infty, 1 \leqslant r \leqslant 2,$$

由此推得

$$J \equiv \int |1 - f(t)|^2/|t|^{r+1}dt$$
$$\leqslant 2\left(\frac{3.38}{(2.6)^r}\beta_r\right)^2 \int_0^b \frac{t^{2r}}{t^{r+1}}dt + 2\int_b^\infty \frac{4}{t^{r+1}}dt$$
$$= \frac{2}{r}\left\{\left(\frac{3.38}{(2.6)^r}\beta_r\right)^2 b^r + \frac{4}{b^r}\right\}.$$

选择 b 使得上式右端达到最小, 我们得到

$$J \leqslant (27.04/(2.6r)^r)\beta_r. \tag{40}$$

由此并利用 (34), 可以推得

$$E|X|^r \leqslant (2(1-D_r))^{-1}E|X-X'|^r, \tag{41}$$

其中 X' 表示 X 的独立复制, 也即它是和 X i.i.d. 的 r.v.

考虑随机向量 $(X_1, \cdots, X_n)$. 令 $(X_1', \cdots, X_n')$ 为其独立复制. 记 $S_n' = \sum_{j=1}^{n} X_j'$. 由 (41), 9.1c 和 8.8a, 我们有

$$
\begin{aligned}
E|S_n|^r &\leqslant (2(1-D_r))^{-1}E|S_n-S_n'|^r \\
&\leqslant (2(1-D_r))^{-1}\sum_{j=1}^{n}E|X_j-X_j'|^r \\
&\leqslant (1-D_r)^{-1}\sum_{j=1}^{n}E|X_j|^r.
\end{aligned}
$$

9.3b(Chatterji) 设 $1 \leqslant r \leqslant 2$. 如果对于 $j = 1, \cdots, n-1, E(X_{j+1}|S_j) = 0$ a.s. (特别地, 如果 $X_1, \cdots, X_n$ 是鞅差序列), 且 $E|X_j|^r < \infty$, $j = 1, \cdots, n$, 那么

$$E|S_n|^r \leqslant 2^{2-r}\sum_{j=1}^{n}E|X_j|^r.$$

证明 $r = 1, 2$ 的情形是显然的. 考虑 $1 < r < 2$ 的情形. 注意到 $\alpha \equiv \sup_x\{|1+x|^r - 1 - rx\}/|x|^r$ 是有限的, 我们有初等不等式: 对一切的实数 a 和 b,

$$|a+b|^r \leqslant |a|^r + r|a|^{r-1} \cdot \mathrm{sgn}(a)b + \alpha|b|^r.$$

显然 $\alpha \geqslant 1$, 而且还可证明 $\alpha \leqslant 2^{2-r}$. 令 $a = S_n, b = X_n$. 对不等式积分我们得到

$$E|S_{n-1}+X_n|^r \leqslant E|S_{n-1}|^r + \alpha E|X_n|^r.$$

由归纳法得证不等式.

9.4 (Dharmadhikari, Fabian 和 Jogdeo)

设 $r \geqslant 2$, $X_1, \cdots, X_n$ 为鞅差序列. 那么

$$E|S_n|^r \leqslant C_r n^{r/2-1} \sum_{j=1}^{n} E|X_j|^r, \qquad (42)$$

其中 $C_r = (8(r-1)\max(1, 2^{r-3}))^r$. 如果 $X_1, \cdots, X_n$ 是均值为 0 的独立 r.v. 序列, 那么 C_r 可换成 $C_r' = \frac{1}{2}r(r-1)\max(1, 2^{r-3})(1 + 2r^{-1}D_{2m}^{(r-2)/2m})$, 其中 $D_{2m} = \sum_{j=1}^{m} j^{2m-1}/(j-1)!$, 整数 m 满足 $2m \leqslant r < 2m+2$.

证明 记 $\gamma_{rn} = E|X_n|^r$, $\beta_{rn} = \frac{1}{n}\sum_{j=1}^{n}\gamma_{rj}$. 如果 $r=2$ 或者 $\beta_{rn} = \infty$, 不等式显然成立. 因此可设 $r > 2$ 且 $\beta_{rn} < \infty$.

首先考虑鞅差情形. 记

$$r_0 = \sup\{\tilde{r} \in [2, r]; 使得 (42) 对 \tilde{r} 是正确的\}.$$

我们首先证明 (42) 对于 r_0 是正确的. 事实上, 假设 $r_m \uparrow r_0$ 使得 (42) 对每个 r_m 都成立. 那么, 因为对所有的 m, $|S_n|^{r_m}$ 被可积函数 $1 + |S_n|^r$ 所界, 我们得到

$$E|S_n|^{r_0} = \lim_{m \to \infty} E|S_n|^{r_m} \leqslant \lim_{m \to \infty} C_{r_m} n^{r_m/2}\beta_{r_m n} = C_{r_0} n^{r_0/2}\beta_{r_0 n}.$$

下面, 我们来证明 $r_0 = r$. 如果不成立, 即 $r_0 < r$, 我们就可以挑选 $r_2 \in (r_0, r)$ 并且定义 $r_1 = r_0 + 2(1 - r_0/r_2)$. 我们有 $r_0 < r_1 < r_2 < r$. 可以假设 r_2 接近于 r_0 使得 $r_2 \leqslant 2r_1$ 且

$$\gamma_{r_2 n}^{1/r_2} \leqslant 2\gamma_{r_1 n}^{1/r_1}.$$

现在我们来推出一个矛盾的结论: (42) 对 r_1 成立. 由 Taylor 展开,

$$|S_n|^{r_1} = |S_{n-1}|^{r_1} + r_1 \mathrm{sgn}(S_{n-1})|S_{n-1}|^{r_1-1}X_n$$

$$+ \frac{1}{2}r_1(r_1-1)|S_{n-1} + \theta X_n|^{r_1-2}X_n^2,$$

其中 $0 < \theta < 1$. 注意到

$$|S_{n-1} + \theta X_n|^{r_1-2} \leqslant \max(1, 2^{r_1-3})(|S_{n-1}|^{r_1-2} + |X_n|^{r_1-2}),$$

我们得

$$\Delta_n \equiv E(|S_n|^{r_1} - |S_{n-1}|^{r_1}) \leqslant \frac{1}{2}r_1\delta_{r_1}(E|S_{n-1}|^{r_1-2}X_n^2) + \gamma_{r_1 n}), \qquad (43)$$

其中 $\delta_{r_1} = (r_1 - 1)\max(1, 2^{r_1-3})$. 由 Hölder 不等式, 我们有

$$E(|S_{n-1}|^{r_1-2}X_n^2) \leqslant (E|S_{n-1}|^{r_0})^{(r_2-2)/r_2}(E|X_n|^{r_2})^{2/r_2}. \tag{44}$$

利用 Lyapounov 不等式 (即 8.4c),

$$\beta_{r_0n}^{(r_2-2)/r_2} = \left(\frac{1}{n}\sum_{j=1}^{n}\gamma_{r_0n}\right)^{(r_2-2)/r_2} \leqslant \left(\frac{1}{n}\sum_{j=1}^{n}\gamma_{r_0n}^{r_1/r_0}\right)^{r_0(r_2-2)/(r_1r_2)}$$
$$\leqslant \left(\frac{1}{n}\sum_{j=1}^{n}\gamma_{r_1n}\right)^{r_0(r_2-2)/(r_1r_2)} = \beta_{r_1n}^{(r_1-2)/r_1}.$$

由 (43) 和假设 (42) 对于 r_0 成立, 推得

$$E(|S_{n-1}|^{r_1-2}X_n^2) \leqslant (C_{r_0}\beta_{r_0,n-1}(n-1)^{r_0/2})^{(r_2-2)/r_2}\gamma_{r_2n}^{2/r_2}$$
$$\leqslant C_{r_0}^{(r_2-2)/r_2}\beta_{r_1,n-1}^{(r_1-2)/r_1}(n-1)^{(r_1-2)/2}\gamma_{r_2n}^{2/r_2}$$
$$\leqslant C_{r_0}^{(r_2-2)/r_2}\beta_{r_1,n-1}^{(r_1-2)/r_1}(n-1)^{(r_1-2)/2}4\gamma_{r_1n}^{2/r_1}.$$

因为 $C_r = (8\delta_r)^r$, C_r 关于 r 是递增的且 $C_r > 1$. 因此

$$C_{r_0}^{(r_2-2)/r_2} \leqslant C_{r_1}^{(r_2-2)/r_2} = C_{r_1}C_{r_1}^{-2/r_2}$$
$$\leqslant C_{r_1}C_{r_1}^{-1/r_1} = C_{r_1}(8\delta_{r_1})^{-1}.$$

所以我们得到

$$E(|S_{n-1}|^{r_1-2}X_n^2) \leqslant C_{r_1}(2\delta_{r_1})^{-1}(n-1)^{(r_1-2)/2}\beta_{r_1,n-1}^{(r_1-2)/r_1}\gamma_{r_1n}^{2/r_1}.$$

于是

$$\Delta_n \leqslant \frac{1}{2}r_1\delta_{r_1}\{C_{r_1}(2\delta_{r_1})^{-1}(n-1)^{(r_1-2)/2}\beta_{r_1,n-1}^{(r_1-2)/r_1}\gamma_{r_1n}^{2/r_1} + \gamma_{r_1n}\}.$$

我们需要下列事实: 令 $y_1,\cdots,y_n$ 为非负数. 记 $z_n = (y_1 + \cdots + y_n)/n$. 那么, 对所有的 $x \geqslant 1$,

$$\sum_{j=2}^{n}(j-1)^{x-1}z_{j-1}^{(x-1)/x}y_j^{1/x} \leqslant n^x x^{-1}z_n \tag{45}$$

(参看 Dharmadhikari. 1968). 利用这个事实，我们得到

$$E|S_n|^{r_1} = \sum_{j=1}^n \Delta_j$$

$$\leqslant \frac{1}{2} r_1 \delta_{r_1} \{ C_{r_1} (2\delta_{r_1})^{-1} \cdot 2 r_1^{-1} n^{r_1/2} \beta_{r_1 n} + n\beta_{r_1 n} \}$$

$$= \frac{1}{2} r_1 \delta_{r_1} \{ (r_1 \delta_{r_1})^{-1} C_{r_1} n^{r_1/2} + n \} \beta_{r_1 n}.$$

注意到 $(r_1 \delta_{r_1})^{-1} C_{r_1} > 1$ 且 $n^{r_1/2} \geqslant n$, 可知上述不等式右边括号里的第二项小于第一项. 所以

$$E|S_n|^{r_1} \leqslant \frac{1}{2} r_1 \delta_{r_1} 2 (r_1 \delta_{r_1})^{-1} C_{r_1} n^{r_1/2} \beta_{r_1 n}$$

$$= C_{r_1} n^{r_1/2} \beta_{r_1 n}.$$

这就完成了鞅差序列情形时的证明.

下面假设 $X_1, \cdots, X_n$ 是独立的. 我们也只需考虑 $r > 2$ 情形就够了. 令 m 为整数使得 $r - 2 < 2m \leqslant r$. 对于 $1 \leqslant p \leqslant 2m$, 令 A_p 表示这样的 p 维向量 $\mathbf{k} = (k_1, \cdots, k_p)$ 组成的集合, 它的分量都是正整数且满足 $k_1 + \cdots + k_p = 2m$. 记

$$T(i_1, \cdots, i_p) = \sum (2m)!/(k_1! \cdots k_p!) E(X_{i_1}^{k_1} \cdots X_{i_p}^{k_p}),$$

其中求和是关于 $\mathbf{k} \in A_p$ 进行的. 于是

$$ES_n^{2m} = \sum_{p=1}^{2m} \sum{}^* T(i_1, \cdots, i_p),$$

其中 $\sum^*$ 表示在范围 $1 \leqslant i_1 < \cdots < i_p \leqslant n$ 上求和. 如果 $p > m$ 且 $\mathbf{k} \in A_p$, 则 $\min(k_1, \cdots, k_p) = 1$. 因此 $p > m \Rightarrow T(i_1, \cdots, i_p) = 0$. 此外由 Hölder 不等式

$$|E(X_{i_1}^{k_1} \cdots X_{i_p}^{k_p})| \leqslant \gamma_{2m, i_1}^{k_1/2m} \cdots \gamma_{2m, i_p}^{k_p/2m}.$$

因此

$$ES_n^{2m} \leqslant \sum_{p=1}^m \sum{}^* \left(\gamma_{2m, i_1}^{1/2m} + \cdots + \gamma_{2m, i_p}^{1/2m} \right)^{2m}$$

$$\leqslant \sum_{p=1}^{m} p^{2m-1} \sum{}^{*}(\gamma_{2m,i_1} + \cdots + \gamma_{2m,i_p})$$

$$= \sum_{p=1}^{m} p^{2m-1} \binom{n-1}{p-1} \sum_{j=1}^{n} \gamma_{2m,j}$$

$$\leqslant \sum_{p=1}^{m} p^{2m-1} n^{p-1}/(p-1)! \cdot n\beta_{2m,n}$$

$$\leqslant D_{2m} n^m \beta_{2m,n},$$

由此推出

$$E|S_{n-1}|^{r-2} \leqslant (ES_{n-1}^{2m})^{(r-2)/2m} \leqslant D_{2m}^{(r-2)/2m}(n-1)^{(r-2)/2}\beta_{2m,n-1}^{(r-2)/2m}.$$

注意到 $\beta_{2m,n-1} \leqslant \beta_{r,n-1}^{2m/r}$ 且 $\gamma_{2n} \leqslant \gamma_{rn}^{2/r}$, 由 (43), 我们得到

$$\Delta_n = \frac{1}{2} r \delta_r (\gamma_{2n} E|S_{n-1}|^{r-2} + \gamma_{rn})$$

$$\leqslant \frac{1}{2} r \delta_r \left\{ D_{2m}^{(r-2)/2m}(n-1)^{(r-2)/2}\beta_{r,n-1}^{(r-2)/r}\gamma_{rn}^{2/r} + \gamma_{rn} \right\}.$$

因此, 由 (45),

$$E|S_n|^r = \sum_{j=1}^{n} \Delta_j \leqslant \frac{1}{2} r \delta_r \left(D_{2m}^{(r-2)/2m} 2^{r-1} n^{r/2} \beta_{rn} + n\beta_{rn} \right)$$

$$\leqslant C_r' n^{r/2} \beta_{rn}.$$

9.5 (Efron-Stein)

设 $X_1, \cdots, X_n$ 为独立 r.v., $S = S(X_1, \cdots, X_n)$ 为二阶矩有限的统计量. 令 $S_{(i)} = S(X_1, \cdots, X_{i-1}, X_{i+1}, \cdots, X_n)$ 和 $S_{(\cdot)} = \sum_{i=1}^{n} S_{(i)}/n$. 那么

$$E \sum_{i=1}^{n} (S_{(i)} - S_{(\cdot)})^2 \geqslant \frac{1}{n} \sum_{i=1}^{n} \mathrm{Var} S_{(i)} \geqslant \frac{n}{n-1} \mathrm{Var} S_{(\cdot)}. \tag{46}$$

证明 记 $\mu = ES$, $A_i = E(S|X_i) - \mu$ 和

$$A_{ij} = E(S|X_i, X_j) - A_i - A_j + \mu$$

等等. 那么我们有下列的 ANOVA 分解:

$$S(X_1, \cdots, X_n) = \mu + \sum_i A_i + \sum_{i<j} A_{ij}$$

$$+ \sum_{i<j<k} A_{ijk} + \cdots + H(X_1, \cdots, X_n), \tag{47}$$

其中右边的所有的 $2^n - 1$ 个 r.v. 的均值都为 0 且是互不相关的. 实际上, 右边的 μ 的系数是

$$1 - \binom{n}{1} + \binom{n}{2} - \cdots = (1-1)^n = 0.$$

同样地, A_i 的系数是 $(1-1)^{n-1} = 0$, A_{ij} 的系数是 $(1-1)^{n-2} = 0$, 等等. 最后一项 $H(X_1, \cdots, X_n)$, 自身有第一项 $S(X_1, \cdots, X_n)$, 它是仅有的不被删掉的项. 这就验证了 (47).

首先假设 $\mu_i \equiv ES_{(i)} = 0$, $i = 1, 2, \cdots, n$. 令 $D = (n-1) \sum_{i=1}^n \mathrm{Var} S_{(i)} - n^2 \mathrm{Var} S_{(.)}$ 且令 I, II, III 为 (46) 里从左到右的三项, 我们有

$$\mathrm{I} - \mathrm{II} = D/n \quad \text{和} \quad \mathrm{II} - \mathrm{III} = D/(n(n-1)).$$

现在来证明 $D \geqslant 0$. 由 (47), 对于 $S_{(i)}$(满足 $\mu_i = 0$), 我们记

$$S_{(i)} = \sum_J S_{iJ},$$

其中 J 表示 $\{1, 2, \cdots, n\}$ 的 $2^n - 2$ 个非空子集. 例如, 若 $i = 1$ 和 $J = \{2, 3\}$, 则对于 $S_{(1)}$, $S_{1J} = A_{23}$. r.v. S_{iJ} 满足:

(i) $ES_{iJ} = 0$;

(ii) 如果 $i \in J$, $S_{iJ} = 0$;

(iii) 如果 $J \neq J'$, $ES_{iJ}S_{i'J'} = 0$.

定义 $S_{+J} = \sum_i S_{iJ}$. 易知对于 $J \neq J'$, $ES_{+J}S_{+J'} = 0$ 成立. 因此 $En^2 S_{(.)}^2 = E \sum_J S_{+J}^2$; 同样, $E(n-1) \sum_i S_{(i)}^2 = E \sum_J \{(n-1) \sum_i S_{iJ}^2\}$. 所以

$$D = E \sum_J \left\{ (n-1) \sum_i S_{iJ}^2 - S_{+J}^2 \right\}.$$

记 n_J 为 J 中元素的个数, $\bar{S}_J = S_{+J}/(n - n_J)$. 我们得到

$$D = E \sum_J \{ (n_J - 1) \sum_i S_{iJ}^2 + (n - n_J) \sum_{i \notin J} (S_{iJ} - \bar{S}_J)^2 \} \geqslant 0.$$

如果我们去掉假设 $\mu_i = 0$, 那么 II 和 III 是不变的, 而 I 关于 $\sum(\mu_i - \mu_\cdot)^2$ $(\mu_\cdot = \sum \mu_i/n)$ 是递增的. 不等式证毕.

9.6 (Khintchine 不等式)

令 $X_1, \cdots, X_n$ 为 i.i.d.r.v., 且 $P(X_1 = 1) = P(X_1 = -1) = \frac{1}{2}$, $b_1, \cdots, b_n$ 为任意实数. 那么对任意的 $r > 0$, 存在着常数 $0 < C_r \leqslant C'_r < \infty$ 使得

$$C_r \left(\sum_{j=1}^n b_j^2 \right)^{r/2} \leqslant E \left| \sum_{j=1}^n b_j X_j \right|^r \leqslant C'_r \left(\sum_{j=1}^n b_j^2 \right)^{r/2}.$$

证明 首先, 假设 $r = 2k$, 其中 k 是整数. 那么, 若记 $T_n = \sum_{j=1}^n b_j X_j$, 可得

$$ET_n^{2k} = \sum A_{l_1, \cdots, l_j} b_{i_1}^{l_1} \cdots b_{i_j}^{l_j} E X_{i_1}^{l_1} \cdots X_{i_j}^{l_j},$$

其中 $l_1, \cdots, l_j$ 是正整数, 满足 $\sum_{u=1}^j l_u = 2k$; $A_{l_1, \cdots, l_j} = (l_1 + \cdots + l_j)!/l_1! \cdots l_j!$, 并且 $i_1, \cdots, i_j$ 是 $[1, n]$ 里的整数. 因为当 $l_1, \cdots, l_j$ 都为偶数时 $EX_{i_1}^{l_1} \cdots X_{i_j}^{l_j} = 1$, 否则为 0, 所以

$$ET_n^{2k} = \sum A_{2p_1, \cdots, 2p_j} b_{i_1}^{2p_1} \cdots b_{i_j}^{2p_j},$$

其中 $p_1, \cdots, p_j$ 是正整数, 满足 $\sum_{u=1}^j p_u = k$. 因此

$$ET_n^{2k} = \sum \frac{A_{2p_1, \cdots, 2p_j}}{A_{p_1, \cdots, p_j}} A_{p_1, \cdots, p_j} b_{i_1}^{2p_1} \cdots b_{i_j}^{2p_j}$$

$$\leqslant c_{2k} s_n^{2k},$$

其中 $s_n^2 = \sum_{j=1}^n b_j^2$,

$$c_{2k} = \sup \frac{A_{2p_1, \cdots, 2p_j}}{A_{p_1, \cdots, p_j}} = \sup \frac{(2k)!}{(2p_1)! \cdots (2p_j)!} \frac{p_1! \cdots p_j!}{k!}$$

$$\leqslant \sup \frac{2k(2k-1) \cdots (k+1)}{\prod_{u=1}^j 2p_u(2p_u - 1) \cdots (p_u + 1)} \leqslant \frac{2k(2k-1) \cdots (k+1)}{2^{p_1 + \cdots + p_j}}$$

$$= \frac{2k(2k-1) \cdots (k+1)}{2^k} \leqslant k^k.$$

因此, 若 $r = 2k$, 对某个 $C'_{2k} \leqslant k^k$, 上界得到. 对于 $r \leqslant 2k$, 我们有

$$(E|T_n|^r)^{1/r} \leqslant (ET_n^{2k})^{1/2k} \leqslant c_{2k}^{1/2k} s_n.$$

因此对某个 $C_r' \leqslant k^{r/2}$, 其中 k 是不小于 $r/2$ 的最小整数, 上界得到.

对于下界, 我们只需考虑情形 $0 < r < 2$. 否则的话, 从 $(E|T_n|^r)^{1/r} \geqslant (ET_n^2)^{1/2}$ 即可得到所要的结论. 取 $r_1, r_2 > 0$, 使得 $r_1 + r_2 = 1$, $rr_1 + 4r_2 = 2$. 由 Hölder 不等式

$$s_n^2 = ET_n^2 \leqslant (E|T_n|^r)^{r_1}(ET_n^4)^{r_2} \leqslant (E|T_n|^r)^{r_1}(2^{1/2}s_n)^{4r_2}.$$

这里我们用到了关于 r $(r \geqslant 0)$ 阶矩的下列性质: $f(r) = \log E|X|^r$ 在 $[0, \infty)$ 上是凸函数. 这可由 Hölder 不等式证得. 上面的不等式推得

$$(E|T_n|^r)^{r_1} \geqslant 4^{-r_2} s_n^{2-4r_2} = 4^{-r_2} s_n^{rr_1},$$

$$E|T_n|^r \geqslant 4^{-r_2/r_1} s_n^r.$$

也就是说, 对于 $0 < r < 2$ 和 $C_r \geqslant 4^{-r_2/r_1} = 2^{-(2-r)}$ 或者 $r \geqslant 2$ 和 $C_r \geqslant 1$, 下界的结论成立.

9.7

9.7a(Marcinkiewicz-Zygmund-Burkholder 不等式) 设 $r \geqslant 1$, X_1, $X_2, \cdots$ 为 i.i.d.r.v. 序列, 满足 $EX_n = 0$, $n = 1, 2, \cdots$ (或者 $X_1, X_2, \cdots$ 为鞅差序列且 $r > 1$), 那么存在正常数 $a_r \leqslant b_r$ 使得

$$a_r E \left(\sum_{j=1}^{n} X_j^2 \right)^{r/2} \leqslant E|S_n|^r \leqslant b_r E \left(\sum_{j=1}^{n} X_j^2 \right)^{r/2},$$

$$a_r E \left(\sum_{j=1}^{\infty} X_j^2 \right)^{r/2} \leqslant \sup_{n \geqslant 1} E|S_n|^r \leqslant b_r E \left(\sum_{j=1}^{\infty} X_j^2 \right)^{r/2}.$$

证明 我们对于独立情形来证明不等式, 对鞅差情形的证明可参看(Burkholder 1973).

由 8.3 和 8.7, $E|S_n|^r < \infty \Leftrightarrow E|X_j|^r < \infty$, $j = 1, \cdots, n \Leftrightarrow E(\sum_{j=1}^{n} X_j^2)^{1/2} < \infty$. 因此可以假设后者是正确的. 令 $\{X_n', n \geqslant 1\}$ 是和 $\{X_n, n \geqslant 1\}$ i.i.d. 的 r.v. 序列, 且记 $X_n^* = X_n - X_n'$. 此外, 又令 $\{V_n, n \geqslant 1\}$ 为 i.i.d.r.v. 序列, 而且假设它和 $\{X_n, X_n', n \geqslant 1\}$ 是独立的, 满足 $P(V_1 = 1) = P(V_1 = -1) = \frac{1}{2}$. 因此

$$E \left\{ \sum_{j=1}^{n} V_j X_j^* | V_1, \cdots, V_n, X_1, \cdots, X_n \right\} = \sum_{j=1}^{n} V_j X_j,$$

从而对任意给定的整数 $n \geqslant 1, \{\sum_{j=1}^{n} V_j X_j, \sum_{j=1}^{n} V_j X_j^*\}$ 是由两个变量构成的鞅. 由此可导出下面的第一个不等式

$$E\left|\sum_{j=1}^{n} V_j X_j\right|^r \leqslant E\left|\sum_{j=1}^{n} V_j X_j^*\right|^r \tag{48}$$

$$\leqslant 2^{r-1} E\left\{\left|\sum_{j=1}^{n} V_j X_j\right|^r + \left|\sum_{j=1}^{n} V_j X_j'\right|^r\right\}$$

$$= 2^r E\left|\sum_{j=1}^{n} V_j X_j\right|^r. \tag{49}$$

把 Khintchine 不等式 (即 9.6) 应用到 $E\{|\sum_{j=1}^{n} V_j X_j|^r | X_1, X_2, \cdots\}$, 我们得到

$$C_r E\left(\sum_{j=1}^{n} X_j^2\right)^{r/2} \leqslant E\left|\sum_{j=1}^{n} V_j X_j\right|^r \leqslant C_r' E\left(\sum_{j=1}^{n} X_j^2\right)^{r/2}.$$

将它和 (49) 结合, 推出

$$C_r E\left(\sum_{j=1}^{n} X_j^2\right)^{r/2} \leqslant E\left|\sum_{j=1}^{n} V_j X_j^*\right|^r \leqslant 2^r C_r' E\left(\sum_{j=1}^{n} X_j^2\right)^{r/2}. \tag{50}$$

由 X_j^* 的对称性,

$$E\left|\sum_{j=1}^{n} V_j X_j^*\right|^r = E\left|\sum_{j=1}^{n} X_j^*\right|^r \leqslant 2^r E\left|\sum_{j=1}^{n} X_j\right|^r;$$

另一方面, 由 8.7,

$$E\left|\sum_{j=1}^{n} V_j X_j^*\right|^r = E\left|\sum_{j=1}^{n} X_j^*\right|^r \geqslant E\left|\sum_{j=1}^{n} X_j\right|^r.$$

把这两个不等式代入 (50), 得到第一个不等式. 第二个不等式是第一个不等式的直接推论.

9.7b 如果 $\{X_k\}$ 是独立非负的 r.v. 序列, 那么对于 $r \geqslant 1$,

$$E\left(\sum X_k\right)^r \leqslant K_r\left(\left(\sum E X_k\right)^r + \sum E X_k^r\right).$$

证明 如果 $r = 1$, 那么对于 $K_r = 1/2$ 上式等号成立. 对于一般情形, 我们只需考虑 r.v. 的个数是有限的情形, 因为无穷多个 r.v. 的情形可由单调收敛定理推得. 首先, 如果 $1 < r \leqslant 2$, 那么由 9.7a, 我们有

$$E\left(\sum_{k=1}^{n} X_k\right)^r \leqslant 2^{r-1}\left(\left(\sum_{k=1}^{n} EX_k\right)^r + E\left(\sum_{k=1}^{n}(X_k - EX_k)\right)^r\right)$$

$$\leqslant 2^{r-1}\left(\left(\sum_{k=1}^{n} EX_k\right)^r + K_r E\left(\sum_{k=1}^{n}(X_k - EX_k)^2\right)^{r/2}\right)$$

$$\leqslant 2^{r-1}\left(\left(\sum_{k=1}^{n} EX_k\right)^r + K_r\left(\sum_{k=1}^{n} E(X_k - EX_k)^r\right)\right)$$

$$\leqslant K_r\left(\left(\sum_{k=1}^{n} EX_k\right)^r + \sum_{k=1}^{n} EX_k^r\right).$$

现在我们假设对所有的 $1 < r \leqslant 2^p$ (某个正整数 p), 不等式成立. 考虑 $2^p < r \leqslant 2^{p+1}$ 的情形, 我们有

$$E\left(\sum_{k=1}^{n} X_k\right)^r \leqslant 2^{r-1}\left(\left(\sum_{k=1}^{n} EX_k\right)^r + E\left(\sum_{k=1}^{n}(X_k - EX_k)\right)^r\right)$$

$$\leqslant 2^{r-1}\left(\left(\sum_{k=1}^{n} EX_k\right)^r + K_r E\left(\sum_{k=1}^{n}(X_k - EX_k)^2\right)^{r/2}\right)$$

$$\leqslant 2^{r-1}\left(\left(\sum_{k=1}^{n} EX_k\right)^r + K_r\left(\left(\sum_{k=1}^{n} E(X_k - EX_k)^2\right)^{r/2}\right.\right.$$

$$\left.\left. + \sum_{k=1}^{n} E(X_k - EX_k)^r\right)\right)$$

$$\leqslant K_r\left(\left(\sum_{k=1}^{n} EX_k\right)^r + \left(\sum_{k=1}^{n} EX_k^2\right)^{r/2} + \sum_{k=1}^{n} EX_k^r\right).$$

上式的最后一步利用了 Hölder 不等式和

$$\sum_{k=1}^{n} EX_k^2 \leqslant \left(\sum_{k=1}^{n} EX_k\right)^{(r-2)/(r-1)}\left(\sum_{k=1}^{n} EX_k^r\right)^{1/(r-1)}$$

$$\leqslant \max\left\{\left(\sum_{k=1}^{n}EX_k\right)^2, \left(\sum_{k=1}^{n}EX_k^r\right)^{2/r}\right\}.$$

9.7c(Rosenthal 不等式)   如果 $\{X_k\}$ 是数学期望为 0 的独立 r.v. 序列, 那么对 $r \geqslant 2$,

$$E\left|\sum X_k\right|^r \leqslant C_r\left(\left(\sum EX_k^2\right)^{r/2} + \sum E|X_k|^r\right).$$

证明   由 9.7a 和 9.7b, 得

$$E\left|\sum X_k\right|^r \leqslant b_r E\left(\sum X_k^2\right)^{r/2} \leqslant b_r K_r\left(\left(\sum EX_k^2\right)^{r/2} + \sum E|X_k|^r\right).$$

9.8 (Skorokhod)

令 $X_1, \cdots, X_n$ 为独立 r.v., 对某个 $c > 0$, $|X_j| \leqslant c$ a.s., $j = 1, \cdots, n$.

9.8a   如果常数 α 和 x 满足 $4e^{2\alpha(x+c)}P(|S_n| \geqslant x) < 1$, 那么

$$E\exp(\alpha|S_n|) \leqslant e^{3\alpha x}/\{1 - 4e^{2\alpha(x+c)}P(|S_n| \geqslant x))(1 - P(|S_n| \geqslant x))\}. \tag{51}$$

证明   令 $(X_1', \cdots, X_n')$ 是和 $(X_1, \cdots, X_n)$ i.i.d. 的随机向量, 记 $X_j^* = X_j - X_j'$, $j = 1, \cdots, n$. 我们有 $|X_j^*| \leqslant 2c$ a.s., $j = 1, \cdots, n$. 记 $S_n' = \sum_{j=1}^n X_j'$ 和 $S_n^* = \sum_{j=1}^n X_j^*$. 显然

$$P(|S_n^*| \geqslant 2x) \leqslant P(|S_n| \geqslant x) + P(|S_n'| \geqslant x) = 2P(|S_n| \geqslant x).$$

因此 $2e^{2\alpha(x+c)}P(|S_n^*| \geqslant 2x) < 1$. 于是

$$E\exp(\alpha|S_n^*|) \leqslant e^{2\alpha x}/(1 - 2e^{2\alpha(x+c)}P(|S_n^*| \geqslant 2x))$$
$$\leqslant e^{2\alpha x}/(1 - 4e^{2\alpha(x+c)}P(|S_n| \geqslant x)).$$

注意到 $|S_n| - |S_n'| \leqslant |S_n^*|$, 我们有

$$Ee^{\alpha|S_n|}e^{-\alpha|S_n'|} \leqslant e^{2\alpha x}/(1 - 4e^{2\alpha(x+c)}P(|S_n| \geqslant x)).$$

此外

$$Ee^{-\alpha|S_n'|} \geqslant e^{-\alpha x}(1 - P(|S_n| \geqslant x)).$$

从上面的两个不等式即可推出所要的结论.

9.8b 如果 $P(|S_n| \geqslant x) \leqslant 1/(8e)$, 那么存在常数 $C > 0$ 使得

$$E|S_n|^m \leqslant Cm!(2x + 2C)^m.$$

证明 记 $\alpha = \frac{1}{2(x+c)}$, 利用 9.8a, 我们有

$$E\exp(\alpha|S_n|) \leqslant e^{\frac{3x}{2(x+c)}}/((1 - 1/2)(1 - 1/(8e))),$$
$$\leqslant 2e^{3/2}/(1 - 1/(8e)) \equiv C.$$

因此 $E(\alpha^m|S_n|^m/m!) \leqslant C$, 由此即得待证的不等式.

9.9 (Tao-Cheng)

令 $X_1, \cdots, X_n$ 为 i.i.d.r.v., $EX_1 = 0$. 假设对某个整数 $p > 0$ 和 $0 \leqslant \gamma < 2$ 有 $E|X_1|^{2p+\gamma} < \infty$, $a_1, \cdots, a_n$ 为实数, 满足 $\sum_{j=1}^{n} a_j^2 = 1$. 那么, 若 $\gamma = 0$, 则有

$$E\left(\sum_{j=1}^{n} a_j X_j\right)^2 = EX_1^2, \qquad p = 1,$$

$$E\left(\sum_{j=1}^{n} a_j X_j\right)^{2p} < \left(\frac{3}{2}\right)^{p-2}(2p-1)!!EX^{2p}, \qquad p \geqslant 2;$$

若 $0 < \gamma < 2$, 则有

$$E\left|\sum_{j=1}^{n} a_j X_j\right|^{2+\gamma} < \left\{1 + 2\Gamma(3+\gamma)\frac{1}{\pi}\left(\frac{2^{1-\gamma}}{\Gamma(3+\gamma)} + \frac{2}{\gamma} + \frac{3}{16(2-\gamma)}\right)\right.$$
$$\left. \cdot \sin\frac{\gamma}{2}\pi\right\}E|X_1|^{2+\gamma}, \qquad p = 1,$$

$$E\left|\sum_{j=1}^{n} a_j X_j\right|^{2p+\gamma} < \left\{1 + 2\Gamma(2p+1+\gamma)\frac{1}{\pi}\left(\frac{2^{1-\gamma}}{\Gamma(2p+1+\gamma)} + \frac{2}{\gamma(2p)!}\right.\right.$$
$$\left.\left. + \frac{1}{(2-\gamma)(2p+2)!!}\left(\frac{3}{2}\right)^p + \frac{2}{\gamma(2p)!!}\left(\frac{3}{2}\right)^{p-2}\right)\sin\frac{\gamma}{2}\pi\right\}$$

$$\cdot E|X_1|^{2p+\gamma}, \qquad\qquad\qquad p \geqslant 2.$$

证明可在 (Tong 1980) 中找到.

9.10

9.10a(上穿不等式) 设 $\{Y_j, \mathcal{A}_j,\ 1 \leqslant j \leqslant n\}$ 为下鞅, $a < b$ 为实数. 令 $\nu_{ab}^{(n)}$ 是 $(Y_1, \cdots, Y_n)$ 上穿过 $[a, b]$ 的次数, 那么

$$E\nu_{ab}^{(n)} \leqslant \frac{1}{b-a}(E(Y_n - a)^+ - E(Y_1 - a)^+) \leqslant \frac{1}{b-a}(EY_n^+ + |a|).$$

证明   首先考虑下列情形: 对任意的 j, $Y_j \geqslant 0$ 且 $0 = a < b$. 当 $n = 2$ 时, 不等式可由

$$E(b\nu_{ab}^{(2)}) + EY_1 = \int_{\{Y_1=0,Y_2\geqslant b\}} bdP + \int_{\{Y_1>0\}} Y_1 dP$$

$$\leqslant \int_{\{Y_1=0,Y_2\geqslant b\}} Y_2 dP + \int_{\{Y_1>0\}} Y_2 dP \leqslant EY_2$$

推得. 归纳地假设用 n 替代 $n-1$ 后不等式成立, 且令

$$Z_j = Y_j, \qquad 1 \leqslant j \leqslant n-2,$$

$$Z_{n-1} = \begin{cases} Y_n, & \text{如果 } 0 < Y_{n-1} < b, \\ Y_{n-1}, & \text{否则}. \end{cases}$$

对 $A \in \mathcal{A}_{n-2}$,

$$\int_A Z_{n-2} dP = \int_A Y_{n-2} dP \leqslant \int_A Y_{n-1} dP$$

$$\leqslant \int_{A\{Y_{n-1}\geqslant b\}} Y_{n-1} dP + \int_{A\{0<Y_{n-1}<b\}} Y_n dP = \int_A Z_{n-1} dP.$$

因此 $E(Z_{n-1}|\mathcal{A}_{n-2}) \geqslant Z_{n-2}$ a.s. 显然, 对于 $2 \leqslant j \leqslant n-1$, $E(Z_j|\mathcal{A}_{j-1}) \geqslant Z_{j-1}$ a.s. 所以 $\{Z_j, \mathcal{A}_j, 1 \leqslant j \leqslant n-1\}$ 是非负下鞅.

令 $\bar{\nu}_{ab}^{(n)}$ 为 $(Z_1, \cdots, Z_{n-1})$ 上穿 $[0, b]$ 的次数. 那么

$$\nu_{ab}^{(n)} = \bar{\nu}_{ab}^{(n)} + I(Y_{n-1} = 0, Y_n \geqslant b).$$

因此由归纳假设,

$$
\begin{aligned}
E(b\nu_{ab}^{(n)}) + EY_1 &= E(b\bar{\nu}_{ab}^{(n)}) + E(bI(Y_{n-1}=0, Y_n \geqslant b)) + EY_1 \\
&\leqslant EZ_{n-1} + E(bI(Y_{n-1}=0, Y_n \geqslant b)) \\
&\leqslant \int_{\{0<Y_{n-1}<b\}} Y_n dP + \int_{\{Y_{n-1}\geqslant b\}} Y_{n-1} dP + \int_{\{Y_{n-1}=0, Y_n \geqslant b\}} Y_n dP \\
&\leqslant \int_{\{Y_{n-1}>0\}} Y_n dP + \int_{\{Y_{n-1}=0, Y_n \geqslant b\}} Y_n dP \leqslant EY_n.
\end{aligned}
$$

对一般情形, 我们应用刚才的证明于 $\{(Y_j - a)^+, 1 \leqslant j \leqslant n\}$, 它是非负下鞅且 $\nu_{ab}^{(n)}$ 是 $((Y_1 - a)^+, \cdots, (Y_n - a)^+)$ 上穿 $[0, b-a]$ 的次数.

9.10b(下穿不等式) 令 $\{Y_j, \mathcal{A}_j, 1 \leqslant j \leqslant n\}$ 为上鞅, $a < b$ 为实数. 令 $\mu_{ab}^{(n)}$ 是 $(Y_1, \cdots, Y_n)$ 下穿 $[a, b]$ 的次数, 那么

$$
E\mu_{ab}^{(n)} \leqslant \frac{1}{b-a}(E(Y_1 \wedge b) - E(Y_n \wedge b)).
$$

证明 $\{-Y_j, 1 \leqslant j \leqslant n\}$ 是下鞅. 对于这个下鞅, $\mu_{ab}^{(n)}$ 就是 $\nu_{-b,-a}^{(n)}$. 因此由上穿不等式

$$
E\mu_{ab}^{(n)} \leqslant \frac{1}{-a-(-b)}E\{(-Y_n+b)^+ - (-Y_1+b)^+\} = \frac{1}{b-a}\{(b-Y_n)^+ - (b-Y_1)^+\}.
$$

由于 $(b-x)^+ = b - (b \wedge x)$, 所以上式就是所要求的不等式.

9.11

设 $X_1, \cdots, X_n$ 为独立 r.v., $r > 0$. 令

$$
x_0 = \inf\left\{x > 0 : P\left\{\max_{1 \leqslant j \leqslant n} |S_j| \geqslant x\right\} \leqslant (2 \cdot 4^r)^{-1}\right\}.
$$

那么

$$
E\max_{1 \leqslant j \leqslant n} |S_j|^r \leqslant 2 \cdot 4^r E\max_{1 \leqslant j \leqslant n} |X_j|^r + 2(4x_0)^r.
$$

此外, 如果 X_j 是对称的, 且 $x_0 = \inf\{x > 0 : P(|S_n| \geqslant x) \leqslant (8 \cdot 3^r)^{-1}\}$, 那么

$$
E|S_n|^r \leqslant 2 \cdot 3^r E\max_{1 \leqslant j \leqslant n} |X_j|^r + 2(3x_0)^r.
$$

证明 通过利用 5.10 中的第二个不等式, 我们证明后一结论. 利用 5.10 中的第一个不等式, 前一结论的证明是类似的. 由分部积分和 5.10 中的第二个不等式, 对于满足 $4 \cdot 3^r P(|S_n| \geqslant u) \leqslant 1/2$ 的 u, 我们有

$$E|S_n|^r = 3^r \left(\int_0^u + \int_u^\infty \right) P(|S_n| \geqslant 3x) dx^r$$

$$\leqslant (3u)^r + 4 \cdot 3^r \int_u^\infty (P(|S_n| \geqslant x))^2 dx^r$$

$$+ 3^r \int_u^\infty P\Big(\max_{1 \leqslant j \leqslant n} |X_j| \geqslant x \Big) dx^r$$

$$\leqslant (3u)^r + 4 \cdot 3^r P(|S_n| \geqslant u) \int_0^\infty P(|S_n| \geqslant x) dx^r$$

$$+ 3^r E \max_{1 \leqslant j \leqslant n} |X_j|^r$$

$$\leqslant 2(3u)^r + 2 \cdot 3^r E \max_{1 \leqslant j \leqslant n} |X_j|^r.$$

因为上式对任意的 $u > x_0$ 成立, 第二个不等式得证.

9.12 (Doob 不等式)

9.12a 设 $\{Y_n, \mathcal{A}_n, n \geqslant 1\}$ 为非负下鞅. 那么

$$E\Big\{ \max_{1 \leqslant j \leqslant n} Y_j \Big\} \leqslant \frac{e}{e-1} (1 + E(Y_n \log^+ Y_n)),$$

$$E\Big\{ \sup_{n \geqslant 1} Y_n \Big\} \leqslant \frac{e}{e-1} \Big(1 + \sup_{n \geqslant 1} E(Y_n \log^+ Y_n) \Big);$$

又对于 $p > 1$, 有

$$E\Big\{ \max_{1 \leqslant j \leqslant n} Y_j^p \Big\} \leqslant \left(\frac{p}{p-1} \right)^p EY_n^p,$$

$$E\Big\{ \sup_{n \geqslant 1} Y_n^p \Big\} \leqslant \left(\frac{p}{p-1} \right)^p \sup_{n \geqslant 1} EY_n^p.$$

证明 我们将证明第一个和第三个不等式, 第二个和第四个不等式分别是第一和第三个不等式的直接推论. 设 $Y_n^* = \max_{1 \leqslant j \leqslant n} Y_j$. 对任意 r.v. $X \geqslant 0$, 满足 $EX^p < \infty$, 其 d.f. 为 $F(x)$, 那么利用分部积分可得

$$EX^p = p \int_0^\infty t^{p-1} (1 - F(t)) dt, \quad p > 0. \tag{52}$$

因此, 并利用不等式 6.5a, 我们得到

$$EY_n^* - 1 \leqslant E(Y_n^* - 1)^+ = \int_0^\infty P(Y_n^* - 1 \geqslant x)dx$$

$$\leqslant \int_0^\infty \frac{1}{x+1} \int_{\{Y_n^* \geqslant x+1\}} Y_n dP dx$$

$$= EY_n \int_0^{Y_n^* - 1} \frac{dx}{x+1} = EY_n \log Y_n^*.$$

我们需要下面的初等不等式: 对于常数 $a \geqslant 0$, $b > 0$, $a \log b \leqslant a \log^+ a + be^{-1}$ 成立. 事实上, 若令 $g(b) = a \log^+ a + be^{-1} - a \log b$, 那么 $g''(b) = a/b^2 > 0$ 且 $g'(ae) = e^{-1} - a/(ae) = 0$. 因此, $g(ae) = a \log^+ a - a \log a \geqslant 0$ 是 $g(b)$ 的最小值, 不等式得证. 应用这个不等式, 我们得到

$$EY_n^* - 1 \leqslant EY_n \log^+ Y_n + e^{-1} EY_n^*.$$

由此立刻可得第一个不等式.

如果 $p > 1$, 再次利用 (52), 不等式 6.5a 和 Hölder 不等式, 得到

$$EY_n^{*p} = p \int_0^\infty x^{p-1} P(Y_n^* \geqslant x)dx$$

$$\leqslant p \int_0^\infty x^{p-2} \int_{\{Y_n^* \geqslant x\}} Y_n dP dx$$

$$= pEY_n \int_0^{Y_n^*} x^{p-2} dx$$

$$= \frac{p}{p-1} EY_n (Y_n^*)^{p-1}$$

$$\leqslant \frac{p}{p-1} (EY_n^p)^{1/p} (EY_n^{*p})^{(p-1)/p}.$$

由此推得第三个不等式.

9.12b 设 $X_1, \cdots, X_n$ 为 i.i.d.r.v., 对某个 r 有 $E|X_j|^r < \infty$, $j = 1, \cdots, n$. 那么

$$E \max_{1 \leqslant j \leqslant n} |S_j|^r \leqslant 8 \max_{1 \leqslant j \leqslant n} E|S_j|^r, \quad r > 0,$$

$$E \max_{1 \leqslant j \leqslant n} |S_j|^r \leqslant 8E|S_n|^r, \quad r \geqslant 1.$$

证明 当 $r \geqslant 1$ 时，$\{|S_j|^r, j = 1, \ldots, n\}$ 是非负下鞅，因此 $\max\limits_{1 \leqslant j \leqslant n} E|S_j|^r = E|S_n|^r$. 所以在这种情形，两个待证的不等式是一样的. 通过对 Lévy 不等式 (即 5.4b) 积分，可得

$$E \max_{1 \leqslant j \leqslant n} |S_j - m(S_j - S_n)|^r \leqslant 2E|S_n|^r.$$

由 Markov 不等式 (即 6.2d)，$P\{|S_j| \geqslant (2E|S_j|^r)^{1/r}\} \leqslant 1/2$，从而推得 $|m(S_j)|^r \leqslant 2E|S_j|^r$. 由此，$c_r$ 不等式 (即 8.3)，我们得到

$$E \max_{1 \leqslant j \leqslant n} |S_j|^r \leqslant c_r E \max_{1 \leqslant j \leqslant n} |S_j - m(S_j - S_n)|^r + c_r \max_{1 \leqslant j \leqslant n} |m(S_j - S_n)|^r$$

$$\leqslant 2c_r E|S_n|^r + 2c_r \max_{1 \leqslant j \leqslant n} E|S_j|^r \leqslant 4c_r \max_{1 \leqslant j \leqslant n} E|S_j|^r.$$

如果 $0 < r \leqslant 2$，则 $4c_r \leqslant 8$，这就证明了待证的不等式. 如果 $r > 2$，注意到 $\left(\frac{r}{r-1}\right)^r \leqslant 8$，从 9.12a 的第三个不等式推得所要的结论.

9.13

设 $\{X_n, n \geqslant 1\}$ 为 i.i.d.r.v. 序列.

9.13a(Marcinkiewicz-Zygmund-Burkholder) 下列陈述是等价的:

(i) 对于 $r = 1$，$E(|X_1| \log^+ |X_1|) < \infty$，对于 $r > 1$，$E|X_1|^r < \infty$;

(ii) 对于 $r \geqslant 1$，$E\left(\sup\limits_{n \geqslant 1} |S_n/n|^r\right) < \infty$;

(iii) 对于 $r \geqslant 1$，$E\left(\sup\limits_{n \geqslant 1} |X_n/n|^r\right) < \infty$.

证明 对任意的正整数 n，定义 $\mathcal{F}_{n+1-j} = \sigma\{S_j/j, X_{j+1}, X_{j+2}, \cdots\}$. 那么，$\{\mathcal{F}_1, \cdots, \mathcal{F}_n\}$ 是递增的 σ 域序列，$\{S_n/n, \cdots, S_2/2, S_1\}$ 关于这序列构成鞅. 因此，$\{|S_n|/n, \cdots, |S_2|/2, |S_1|\}$ 是非负下鞅.

应用 Doob 不等式 (即 9.12)，得到

$$E \max_{j \leqslant n} |S_j|/j \leqslant \frac{e}{e-1} E(|X_1| \log^+ |X_1|),$$

且对 $r > 1$,

$$E \max_{j \leqslant n} |S_j/j|^r \leqslant \left(\frac{r}{r-1}\right)^r E(|X_1|^r).$$

令 $n \to \infty$ 得到 (i)$\Rightarrow$ (ii)，因此 (并注意到 $X_n = S_n - S_{n-1}$)，(ii)$\Rightarrow$(iii).

若 $r > 1$, 由 $\sup\limits_{n \geqslant 1} |X_n/n|^r \geqslant |X_1|^r$, 我们得 (iii)$\Rightarrow$(i). 当 $r = 1$ 时, (iii) 推出

$$\infty > \int_0^\infty P\Big(\sup_{n \geqslant 1} |X_n|/n \geqslant x\Big) dx$$

$$= \int_0^\infty \left[1 - \prod_{n \geqslant 1} (1 - P(|X_n|/n \geqslant x)) \right] dx$$

$$\geqslant \int_0^\infty \left[1 - \exp\left(-\sum_{n \geqslant 1} P(|X_1|/n \geqslant x) \right) \right] dx.$$

选取 M 使得对任意的 $x \geqslant M$,

$$\sum_{n \geqslant 1} P(|X_1|/n \geqslant x) < 1.$$

那么, 我们有

$$\infty > \int_M^\infty \sum_{n \geqslant 1} P(|X_1|/n \geqslant x) dx$$

$$= \sum_{n \geqslant 1} EI(|X_1| \geqslant Mn) \int_M^{|X_1|/n} dx$$

$$= \sum_{n \geqslant 1} EI(|X_1| \geqslant Mn)[|X_1|/n - M]$$

$$= EI(|X_1| \geqslant M) \sum_{|X_1|/M \geqslant n \geqslant 1} [|X_1|/n - M]$$

$$\geqslant \frac{1}{2} EI(|X_1| \geqslant M)[|X_1| \log(|X_1|/M) - |X_1|],$$

由此推出当 $r = 1$ 时 (i) 成立. 证毕.

9.13b(Siegmund-Teicher) 假设 $EX_1 = 0$. 下列陈述是等价的:

(i) 对于 $r = 2, E(X_1^r L(|X_1|)/L_2(|X_1|)) < \infty$ 成立, 对于 $r > 2, E|X_1|^r < \infty$ 成立;

(ii) 对于 $r \geqslant 2, E\Big(\sup_{n \geqslant 1} |S_n/\sqrt{nL_2(n)}|^r \Big) < \infty$ 成立;

(iii) 对于 $r \geqslant 2, E\Big(\sup_{n \geqslant 1} |X_n/\sqrt{nL_2(n)}|^r \Big) < \infty$ 成立,

其中 $L(x) = 1 \vee \log x, L_2(x) = L(L(x))$.

证明 首先我们考虑 $r = 2$ 的情形. 我们将证明 (i) $\Rightarrow$ (ii) $\Rightarrow$ (iii) $\Rightarrow$ (i). 记

$$a_n = (nL_2(n))^{-1}, \quad b_n = n^{1/2}(L_2(n))^{-1},$$

定义

$$X_n' = X_n I(|X_n| \leqslant b_n), \ X_n'' = X_n - X_n'; \ S_n' = \sum_{j=1}^{n} X_j', \ S_n'' = S_n - S_n'.$$

证明 (i)$\Rightarrow$(ii). 首先假设 X_1 的 d.f. 是对称的且 $EX_1^2 = 1$, 从 (i) 我们有

$$\sum_{j=1}^{\infty} a_j EX_j''^2 = \sum_{j=1}^{\infty} a_j \sum_{k=j}^{\infty} \int_{\{b_k < |X_1| \leqslant b_{k+1}\}} X_1^2 dP$$

$$= \sum_{k=1}^{\infty} \sum_{j=1}^{k} a_j \int_{\{b_k < |X_1| \leqslant b_{k+1}\}} X_1^2 dP$$

$$\leqslant c_1 \sum_{k=1}^{\infty} (L(k)/L_2(k)) \int_{\{b_k < |X_1| \leqslant b_{k+1}\}} X_1^2 dP$$

$$\leqslant c_1 E\{X_1^2 L(|X_1|)/L_2(|X_1|)\} < \infty,$$

在 9.13b 中, $c_1, c_2, \cdots$ 表示正常数. 类似地

$$\sum_{j=1}^{n} a_j^{1/2} E|X_j''| \leqslant c_2 EX_1^2 < \infty.$$

因此

$$E\left(\sup_{n \geqslant 1} a_n S_n''^2\right) \leqslant E\left(\sum_{j=1}^{\infty} a_j^{1/2}|X_j''|\right)^2$$

$$\leqslant \sum_{j=1}^{\infty} a_j EX_j''^2 + 2\left(\sum_{j=1}^{\infty} a_j^{1/2} E|X_j''|\right)^2 < \infty. \tag{53}$$

再来考虑 S_n'. 记 $n_k = 3^k$. 由 Lévy 不等式 (即 5.4b), 对任意的 $x > 0$,

$$P\left\{\sup_{n \geqslant 1} a_n^{1/2}|S_n'| > x\right\} \leqslant \sum_{j=0}^{\infty} P\left\{a_{n_j}^{1/2} \sup_{n_j \leqslant n < n_{j+1}} |S_n'| > x\right\}$$

$$\leqslant 4 \sum_{j=0}^{\infty} P\{a_{n_j}^{1/2} S'_{n_{j+1}} > x\}.$$

利用不等式 6.1a 和不等式 8.2, 对于 $0 < t \leqslant b_{n_{j+1}}^{-1}, j = 0, 1, \cdots,$

$$P\{S'_{n_{j+1}} > a_{n_j}^{-1/2} x\} \leqslant \exp\{-t a_{n_j}^{1/2} x + t^2 n_{j+1}\}.$$

令 $t = b_{n_{j+1}}^{-1}$, 我们得到

$$\log P\{S'_{n_{j+1}} > a_{n_j}^{-1/2} x\} \leqslant -c_2(x - c_3) L_2(n_{j+1}).$$

取 x_0 使得 $c_2(x_0 - c_3) \geqslant 2$, 我们有

$$\int_{x_0}^{\infty} x P\Big\{ \sup_{n \geqslant 1} a_n^{1/2} |S'_n| > x \Big\} dx$$

$$\leqslant c_4 \sum_{j=1}^{\infty} \int_{x_0}^{\infty} x \exp\{-c_2(x - c_3) L_2(n_j)\} dx$$

$$\leqslant c_4 \sum_{j=1}^{\infty} \int_{x_0}^{\infty} x \exp\{-c_2(x - c_3) \log j\} \exp\{-c_2(x - c_3) L_2(3)\} dx$$

$$\leqslant c_4 \sum_{k=1}^{\infty} k^{-2} \int_{x_0}^{\infty} x \exp\{-c_2(x - c_3) L_2(3)\} dx < \infty.$$

由此即得

$$E\Big\{ \sup_{n \geqslant 1} a_n S'^2_n \Big\} < \infty.$$

将它与 (53) 结合, 得到对称情形时 (ii) 成立. 对一般情形, 令 $X_1^*, X_2^*, \cdots$ 是与 $X_1, X_2, \cdots$ 独立且与 X_1 同分布的 r.v. 记 $S_n^* = \sum_{j=1}^{n} X_j^*$. 由对称情形的结果, 我们有

$$E\Big\{ \sup_{n \geqslant 1} a_n S_n^2 \Big\} = E\Big\{ \sup_{n \geqslant 1} a_n |S_n - E(S_n^* | X_1, X_2, \cdots)|^2 \Big\}$$

$$\leqslant E\Big\{ \sup_{n \geqslant 1} a_n E(|S_n - S_n^*|^2 | X_1, X_2, \cdots) \Big\}$$

$$\leqslant E\Big\{ E(\sup_{n \geqslant 1} a_n |S_n - S_n^*|^2 | X_1, X_2, \cdots) \Big\}$$

$$\leqslant E\Big\{ \sup_{n \geqslant 1} a_n |S_n - S_n^*|^2 \Big\} < \infty.$$

为了看出 (ii)⇒(iii), 只需注意到以下关系就够了.

$$a_n X_n^2 = a_n(S_n - S_{n-1})^2 \leqslant 2(a_n S_n^2 + a_{n-1} S_{n-1}^2).$$

现在假设 (iii) 成立, 因此有

$$\sum_{k=1}^{\infty} P\left\{\sup_{n \geqslant 1} a_n X_n^2 \geqslant k\right\} < \infty.$$

用 F 表示 X_1^2 的 d.f. 不失一般性, 假设 $F(1) > 0$. 于是

$$\int_1^{\infty} \int_1^{\infty} (1 - F(x L_2(x) y)) dy dx$$

$$\leqslant \sum_{n=1}^{\infty} \sum_{j=1}^{\infty} (1 - F(a_n^{-1} j)) \leqslant - \sum_{j=1}^{\infty} \log \prod_{n=1}^{\infty} F(a_n^{-1} j)$$

$$\leqslant c_5 \sum_{j=1}^{\infty} \left(1 - \prod_{n=1}^{\infty} F(a_n^{-1} j)\right) \leqslant c_6 \sum_{j=1}^{\infty} P\left\{\sup_{n \geqslant 1} a_n X_n^2 \geqslant j\right\} < \infty.$$

记 $u = x L_2(x) y$, 则

$$\int_1^{\infty} \int_{x L_2(x)}^{\infty} (1 - F(u)) du (x L_2(x))^{-1} dx < \infty.$$

用 φ 表示函数 $x \to x L_2(x)$ 的逆. 由 Fubini 定理, 我们有

$$\int_1^{\infty} \left\{\int_1^{\varphi(u)} (x L_2(x))^{-1} dx\right\} (1 - F(u)) du < \infty.$$

因为 $\varphi(u) \sim (u/L_2(u))$ $(u \to \infty)$ 和 $\int_1^t (x L_2(x))^{-1} dx \sim L(t)/L_2(t)$ $(t \to \infty)$, 上式等价于

$$\int_1^{\infty} (L(u)/L_2(u))(1 - F(u)) du < \infty,$$

进一步, 又等价于 (i).

现在考虑 $r > 2$ 的情形. 令 $Y_1, Y_2, \cdots$ 是独立非负的 r.v. 由 Lyapounov 不等式 (即 8.4c) 和 Hölder 不等式 (即 8.4a), 对 $0 < b < c < d$, 我们有

$$\sum_{j=1}^{\infty} a_j^c E Y_j^c \leqslant \sum_{j=1}^{\infty} (a_j^b E Y_j^b)^{(d-c)/(d-b)} (a_j^d E Y_j^d)^{(c-b)/(d-b)}$$

$$\leqslant \left(\sum_{j=1}^{\infty} a_j^b E Y_j^b\right)^{(d-c)/(d-b)} \left(\sum_{j=1}^{\infty} a_j^d E Y_j^d\right)^{(c-b)/(d-b)}.$$

如果下列条件被满足

$$\sum_{j=1}^{\infty} a_j^r EY_j^r < \infty \quad \text{且} \quad \sum_{j=1}^{\infty} a_j^\alpha EY_j^\alpha < \infty$$

(当 r 是正整数时, $\alpha = 1$; 否则 $\alpha = r - [r]$), 那么对 $\alpha \leqslant h \leqslant r$,

$$\sum_{j=1}^{\infty} a_j^h EY_j^h < \infty. \tag{54}$$

我们将证明由上式可以推出 $E\left(\sum_{j=1}^{\infty} a_j EY_j\right)^r < \infty$. 只考虑 r 不是整数的情形. 记 $k = r - \alpha$, 由独立性, 有

$$E\left(\sum_{j=1}^{\infty} a_j Y_j\right)^r = E\left(\sum_{j=1}^{\infty} a_j Y_j\right)^\alpha \left(\sum_{j=1}^{\infty} a_j Y_j\right)^k$$

$$\leqslant E\left(\sum_{j=1}^{\infty} a_j^\alpha Y_j^\alpha\right) \left\{\sum_{j=1}^{\infty} a_j^k Y_j^k + \cdots + k! \sum_{1 \leqslant j_1 < \cdots < j_k} a_{j_1} Y_{j_1} \cdots a_{j_k} Y_{j_k}\right\}$$

$$= \sum_{j=1}^{\infty} a_j^r EY_j^r + \sum_{i \neq j} a_i^\alpha EY_i^\alpha a_j^k EY_j^k + \cdots$$

$$+ k! \sum_{1 \leqslant j_1 < \cdots < j_k, j \neq j_l, 1 \leqslant l \leqslant k} a_{j_1} EY_{j_1} \cdots a_{j_k} EY_{j_k} a_j^\alpha EY_j^\alpha$$

$$+ k! \sum_{1 \leqslant j_1 < \cdots < j_{k-1}, j \neq j_l, 1 \leqslant l < k} a_{j_1} EY_{j_1} \cdots a_{j_{k-1}} EY_{j_{k-1}} a_j^{1+\alpha} EY_j^{1+\alpha}.$$

上式右边的每一项都是被型如 (54) 的乘积所控制的. 例如最后一项不超过

$$k! \left(\sum_{j=1}^{n} a_j EY_j\right)^{k-1} \left(\sum_{j=1}^{n} a_j^{\alpha+1} EY_j^{\alpha+1}\right).$$

证明 (i)$\Rightarrow$(ii). 如上定义 X_n', X_n'', S_n' 和 S_n'', 但其中的 $b_n = n^{1/r}$. 对于 $h = \alpha$ 或 r,

$$\sum_{n=1}^{\infty} a_n^{h/2} E|X_n''|^h = \sum_{n=1}^{\infty} \sum_{j=n}^{\infty} \frac{1}{(nL_2(n))^{h/2}} \int_{\{b_j < |X_1| \leqslant b_{j+1}\}} |X_1|^h dP$$

$$\leqslant c_7 \sum_{j=1}^{\infty} \frac{j^{1-h/2}}{(L_2(j))^{h/2}} \int_{\{b_j < |X_1| \leqslant b_{j+1}\}} |X_1|^h dP$$

$$= c_7 \sum_{j=1}^{\infty} \frac{j^{h(1/r-1/2)}}{(L_2(j))^{h/2}} \int_{\{b_j < |X_1| \leqslant b_{j+1}\}} |X_1|^h dP$$

$$\leqslant c_8 E|X_1|^r < \infty.$$

由此并注意到上面已经证明的关于 $\{Y_n\}$ 的结果, 我们得

$$E \sup_{n \geqslant 1} \frac{|S_n''|^r}{(n L_2(n))^{r/2}} \leqslant E \left(\sup_{n \geqslant 1} a_n \sum_{j=1}^{n} |X_j''| \right)^r \leqslant E \left(\sum_{n=1}^{\infty} a_n |X_n''| \right)^r < \infty.$$

接下来证明 $E \sup\limits_{n \geqslant 1}(|S_n'|^r/(n L_2(n))^{r/2}) < \infty$, 或者等价地证明: 对充分大的 x_0,

$$\int_{x_0}^{\infty} x^{r-1} P \left\{ \sup_{n \geqslant 1} a_n^{1/2} |S_n'| > x \right\} dx < \infty.$$

这与 $r = 2$ 时的证明相同, 区别只在于取 $t = (L_2(n_{j+1})/n_{j+1})^{1/2}$ 代替 $t = b_{n_{j+1}}^{-1}$. 去掉对称性的做法也是类似的. 这就证明了 (i)$\Rightarrow$(ii). (ii)$\Rightarrow$(i) 和 (ii)$\Rightarrow$(iii)$\Rightarrow$(i) 在现在的情形是显然的.

9.14 (Serfling)

令 $S_{a,n} = X_{a+1} + \cdots + X_{a+n}$, $M_{a,n} = \max\limits_{1 \leqslant j \leqslant n} |S_{a,j}|$, $a_0 > 0$ 是任意固定的整数.

9.14a 令 $r \geqslant 2$. 假设存在一个 $X_{a+1}, \cdots, X_{n+n}$ 的联合分布的泛函 $g(a,n)$, 满足

$$E|S_{a,n}|^r \leqslant g^{r/2}(a,n), \qquad \text{对于 } a \geqslant a_0, n \geqslant 1 \text{ 成立},$$

$$g(a,k) + g(a+k,l) \leqslant g(a,k+l), \qquad \text{对于 } a \geqslant a_0, 1 \leqslant k < k+l \text{ 成立}.$$

那么

$$EM_{a,n}^r \leqslant (\log_2 2n)^r g^{r/2}(a,n), \quad \text{对于 } a \geqslant a_0, n \geqslant 1 \text{ 成立}.$$

注   如果 $X_{a+1}, \cdots, X_{a+n}$ 是相互正交的, 那么作为上述不等式的推论,

$$EM_{a,n}^r \leqslant (\log_2 2n)^r (\sigma_{a+1}^2 + \cdots + \sigma_{a+n}^2)^{r/2},$$

其中 $\sigma_j^2 = EX_j^2$.

证明 令 $N > 1$ 已给定, 并记 $m = [(N+1)/2]$. 对于 $m < n \leqslant N$, 我们有

$$S_{a,n}^2 = S_{a,m}^2 + S_{a+m,n-m}^2 + 2S_{a,m}S_{a+m,n-m}$$
$$\leqslant M_{a,m}^2 + M_{a+m,N-m}^2 + 2|S_{a,m}|M_{a+m,N-m}.$$

对 $1 \leqslant n \leqslant m$, 我们有 $S_{a,n}^2 \leqslant M_{a,m}^2$. 因此

$$M_{a,N}^2 \leqslant M_{a,m}^2 + M_{a+m,N-m}^2 + 2|S_{a,m}|M_{a+m,N-m},$$

且由 Minkowski 不等式 (即 9.2a),

$$(EM_{a,N}^r)^{2/r} \leqslant (EM_{a,m}^r)^{2/r} + (EM_{a+m,N-m}^r)^{2/r}$$
$$+ 2(E|S_{a,m}M_{a+m,N-m}|^{r/2})^{2/r}.$$

对于 $N = 1$, 待证的结论显然是正确的. 归纳假设结论对 $n < N$ 成立. 定义

$$f(k) = (\log_2 2k)^2, \qquad k \geqslant 1.$$

利用 Cauchy-Schwarz 不等式 (即 8.4b), 得到

$$(EM_{a,N}^r)^{2/r} \leqslant f(m)g(a,m) + f(N-m)g(a+m,N-m)$$
$$+ 2\{(E|S_{a,m}|^r)^{1/2}(E(M_{a+m,N-m}^r))^{1/2}\}^{2/r}$$
$$\leqslant f(m)g(a,m) + f(N-m)g(a+m,N-m)$$
$$+ 2(E|S_{a,m}|^r)^{1/r}f^{1/2}(N-m)g^{1/2}(a+m,N-m).$$

于是由函数 g 的条件, 不等式 $2AB \leqslant A^2 + B^2$ 和 $f(N-m) \leqslant f(m)$, 推得

$$(EM_{a,N}^r)^{2/r} \leqslant (f(m) + f^{1/2}(m))g(a,N). \tag{55}$$

注意到

$$f(2k) = (\log_2 2k + 1)^2 \geqslant f(k) + 2f^{1/2}(k), \quad k \geqslant 1,$$

且因对 $k \geqslant 2$, $2^{1/2}(2k-1) \geqslant 2k$, 由此推得

$$f(2k-1) = (\log_2(2^{1/2}(2k-1)) + 1/2)^2 \geqslant f(k) + f^{1/2}(k), \quad k \geqslant 2.$$

所以, 无论 $N = 2m$, 还是 $N = 2m - 1$, 都有

$$f(N) \geqslant f(m) + f^{1/2}(m), \quad N > 1.$$

因此从 (55) 推得

$$EM_{a,N}^r \leqslant (\log_2 2N)^r g^{r/2}(a, N).$$

由归纳法, 这就证明了结论.

9.14b 令 $r > 2$. 假设对 $a \geqslant a_0, n \geqslant 1$,

$$E|S_{a,n}|^r \leqslant g^{r/2}(n),$$

其中 $g(n)$ 是非降函数, 满足 $2g(n) \leqslant g(2n)$, 且当 $n \to \infty$ 时, $g(n)/g(n+1) \to 1$. 那么存在常数 K (可能和 r, g 和 X_j 的联合分布有关), 使得对于 $a \geqslant a_0, n \geqslant 1$

$$EM_{a,n}^r \leqslant Kg^{r/2}(n).$$

证明 如果 r 是整数, 则令 $k = r - 1$, 否则令 $k = [r]$. 记 $\varepsilon = r - k$. 函数

$$w(x) = \sum_{j=1}^{k-1} \binom{k}{j} x^{-(j+\varepsilon)/r} + \sum_{j=1}^{k} \binom{k}{j} x^{-j/r} \downarrow 0, \quad \text{当} \quad x \to \infty \text{时}.$$

因此存在着 x_0 使得

$$x \geqslant x_0 \Rightarrow w(x) \leqslant 2^{r\delta/2} - 2,$$

其中 $2/r < \delta < 1$. 此外, 因为 $g(n) \sim g(n+1)$, 所以存在 n_0 使得

$$n \geqslant n_0 \Rightarrow g(n) \leqslant 2^{1-\delta} g(n-1).$$

根据假设, $q_n \equiv \sup_{a \geqslant a_0} EM_{a,n}^r / g^{r/2}(n)$ 是有限的. 定义

$$K = \max\{q_1, q_2, \cdots, q_{n_0}, x_0\}.$$

因此, 对于这样的 K, 对于所有的 $n \leqslant n_0$ 结论成立. 我们将证明: 如果结论对所有的 $n < N(> n_0)$ 成立, 则对于 N 结论也成立.

设 $N \geqslant n_0$ 给定且记 $m = [(N+1)/2]$. 对 $m < n \leqslant N$, 我们有

$$|S_{a,n}|^r \leqslant (|S_{a,m}| + M_{a+m,N-m})^r$$

$$\leqslant |S_{a,m}|^r + M_{a+m,N-m}^r + \sum_{j=0}^{k-1} \binom{k}{j} |S_{a,m}|^{j+\varepsilon} M_{a+m,N-m}^{k-j}$$

$$+ \sum_{j=1}^{k} \binom{k}{j} |S_{a,m}|^j M_{a+m,N-m}^{k-j+\varepsilon}.$$

对于 $1 \leqslant n \leqslant m$, 我们有 $|S_{a,n}|^r \leqslant M_{a,m}^r$. 于是得

$$M_{a,N}^r \leqslant M_{a,m}^r + M_{a+m,N-m}^r + \sum_{j=0}^{k-1} \binom{k}{j} |S_{a,m}|^{j+\varepsilon} M_{a+m,N-m}^{k-j}$$

$$+ \sum_{j=1}^{k} \binom{k}{j} |S_{a,m}|^j M_{a+m,N-m}^{k-j+\varepsilon}. \tag{56}$$

利用 Hölder 不等式 (即 8.4a), 对于 $u \geqslant 0, v \geqslant 0$ (满足 $u + v = r$), 因为 $N - m \leqslant m$ 且 g 是非降的, 所以我们有

$$E(|S_{a,m}|^u M_{a+m,N-m}^v) \leqslant (E|S_{a,m}|^r)^{u/r} (EM_{a+m,N-m}^r)^{v/r}$$

$$\leqslant K^{v/r} g^{u/2}(m) g^{v/2}(N-m) \leqslant K^{v/r} g^{r/2}(m).$$

对 (56) 右边的每一项应用这个结果, 得到

$$EM_{a,N}^r \leqslant Kg^{r/2}(m)(2 + w(K)).$$

因为 $K \geqslant x_0, 2m \geqslant n_0$, 再由 x_0 和 n_0 的定义以及关于 $g(\cdot)$ 的假设, 我们得到

$$EM_{a,N}^r \leqslant K2^{r\delta/2} g^{r/2}(m) = K2^{r(\delta-1)/2}(2g(m))^{r/2}$$

$$\leqslant K2^{r(\delta-1)/2} g^{r/2}(2m) \leqslant Kg^{r/2}(2m-1)$$

$$\leqslant Kg^{r/2}(N),$$

这就是说, 对于 $n = N$ 结论成立.

$10.$ 关于相依随机变量的不等式

在这一节里, 我们考虑两类相依 r.v. 序列: 混合相依序列和正负相协序列.

混合序列的定义至少有六种. 这里我们给出三种最常见的定义. 设 $\{X_n, n \geqslant 1\}$ 是 r.v. 序列. 记 σ 代数 $\mathcal{F}_a^b = \sigma(X_n, a \leqslant n \leqslant b)$, $\mathbf{N} = \{1, 2, \cdots\}$, $L_p(\mathcal{F}_a^b)$ 是所有的关于 $\mathcal{F}_a^b$ 可测且 p 阶矩存在的 r.v. 组成的集合.

序列 $\{X_n, n \geqslant 1\}$ 称为是 α 混合 (或者强混合) 的, 如果

$$\alpha(n) \equiv \sup_{k \in \mathbf{N}} \sup_{A \in \mathcal{F}_1^k, B \in \mathcal{F}_{k+n}^\infty} |P(AB) - P(A)P(B)| \to 0, \quad n \to \infty;$$

称为是 ρ 混合的, 如果

$$\rho(n) \equiv \sup_{k \in \mathbf{N}} \sup_{X \in L_2(\mathcal{F}_1^k), Y \in L_2(\mathcal{F}_{k+n}^\infty)} \frac{|EXY - EXEY|}{\sqrt{VarX \cdot VarY}} \to 0, \quad n \to \infty;$$

称为是 φ 混合 (或一致强混合) 的, 如果

$$\varphi(n) \equiv \sup_{k \in \mathbf{N}} \sup_{A \in \mathcal{F}_1^k, B \in \mathcal{F}_{k+n}^\infty} |P(B|A) - P(B)| \to 0, \quad n \to \infty.$$

我们有 φ 混合 $\Rightarrow \rho$ 混合 $\Rightarrow \alpha$ 混合.

10.1 (协方差估计)

10.1a 令 $\{X_n, n \geqslant 1\}$ 为一 α 混合序列, $X \in \mathcal{F}_1^k, Y \in \mathcal{F}_{k+n}^\infty$ 且 $|X| \leqslant C_1, |Y| \leqslant C_2$ a.s. 那么

$$|EXY - EXEY| \leqslant 4C_1 C_2 \alpha(n).$$

证明 由条件数学期望的性质, 我们有

$$|EXY - EXEY| = |E\{X(E(Y|\mathcal{F}_1^k) - EY)\}|$$

$$\leqslant C_1 E|E(Y|\mathcal{F}_1^k) - EY|$$
$$= C_1 |E\xi\{E(Y|\mathcal{F}_1^k) - EY\}|,$$

其中 $\xi = \text{sgn}(E(Y|\mathcal{F}_1^k) - EY) \in \mathcal{F}_1^k$, 也即

$$|EXY - EXEY| \leqslant C_1|E\xi Y - E\xi EY|.$$

由同样的讨论可得

$$|E\xi Y - E\xi EY| \leqslant C_2|E\xi\eta - E\xi E\eta|,$$

其中 $\eta = \text{sgn}(E(\xi|\mathcal{F}_{k+n}^\infty) - E\xi)$. 因此

$$|EXY - EXEY| \leqslant C_1 C_2|E\xi\eta - E\xi E\eta|. \tag{57}$$

令 $A = \{\xi = 1\}, B = \{\eta = 1\}$. 显然 $A \in \mathcal{F}_1^k, B \in \mathcal{F}_{k+n}^\infty$. 利用 α 混合的定义, 我们得到

$$|E\xi\eta - E\xi E\eta| = |P(AB) + P(A^c B^c) - P(A^c B) - P(AB^c)$$
$$-(P(A) - P(A^c))(P(B) - P(B^c))|$$
$$\leqslant 4\alpha(n).$$

把它代入 (57) 即得待证的不等式.

10.1b 令 $\{X_n, n \geqslant 1\}$ 为一 α 混合序列, $X \in L_p(\mathcal{F}_1^k), Y \in L_q(\mathcal{F}_{k+n}^\infty)$, 其中 $p, q, r \geqslant 1$ 且满足 $\frac{1}{p} + \frac{1}{q} + \frac{1}{r} = 1$. 那么

$$|EXY - EXEY| \leqslant 8\alpha(n)^{1/r}||X||_p||Y||_q,$$

其中 $||X||_p = (E|X|^p)^{1/p}$.

证明 首先假设 $|Y| \leqslant C$ a.s., 且 $1 < p < \infty$. 对某一个 $a > 0$, 定义 $X' = XI(|X| \leqslant a)$ 和 $X'' = X - X'$. 由 10.1a

$$|EXY - EXEY| \leqslant |EX'Y - EX'EY| + |EX''Y - EX''EY|$$
$$\leqslant 4Ca\alpha(n) + 2CE|X''|,$$

其中 $E|X''| \leqslant a^{1-p}E|X|^p$. 记 $a = ||X||_p\alpha(n)^{-1/p}$, 我们得到

$$|EXY - EXEY| \leqslant 6C||X||_p\alpha(n)^{1-1/p}.$$

如果 Y 不是 a.s. 有界的, 对 $b > 0$, 令 $Y' = YI(|Y| \leqslant b)$ 和 $Y'' = Y - Y'$. 类似地

$$|EXY - EXEY| \leqslant 6b||X||_p \alpha(n)^{1-1/p} + 2||X||_p (E|Y''|^{\frac{qr}{q+r}})^{\frac{q+r}{qr}},$$

其中

$$(E|Y''|^{\frac{qr}{q+r}})^{\frac{q+r}{qr}} \leqslant (b^{-q+\frac{qr}{q+r}} E|Y|^q)^{\frac{q+r}{qr}}$$
$$= b^{-q/r}||Y||_q^{(q+r)/r}.$$

取 $b = ||Y||_q \alpha(n)^{-1/q}$, 即得待证的不等式.

10.1c 令 $\{X_n, n \geqslant 1\}$ 为一 ρ 混合序列, $X \in L_p(\mathcal{F}_1^k), Y \in L_q(\mathcal{F}_{k+n}^\infty)$, 其中 $p, q \geqslant 1$, 满足 $\frac{1}{p} + \frac{1}{q} = 1$. 那么

$$|EXY - EXEY| \leqslant 4\rho(n)^{\frac{2}{p} \wedge \frac{2}{q}} \parallel X \parallel_p \parallel Y \parallel_q .$$

证明 不失一般性, 假设 $p \geqslant 2$, 从而 $q \leqslant 2$. 对某个 $C > 0$, 令 $Y' = YI(|Y| \leqslant C)$ 和 $Y'' = Y - Y'$, 记

$$|EXY - EXEY| \leqslant |EXY' - EXEY'| + |EXY'' - EXEY''|. \qquad (58)$$

由 ρ 混合的定义和 Hölder 不等式,

$$|EXY' - EXEY'| \leqslant \rho(n) \parallel X \parallel_2 \parallel Y \parallel_2$$
$$\leqslant \rho(n)C^{1-q/2} \parallel X \parallel_p \parallel Y \parallel_q^{q/2},$$
$$|EXY''| \leqslant (E|Y''|^q)^{1-2/p}(E(|X|^{p/2}|Y''|^{q/2}))^{2/p}$$
$$\leqslant (E|Y|^q)^{1-2/p}\Big(E(|X|^{p/2}E|Y''|^{q/2}$$
$$+ \rho(n)(E|X|^p)^{1/2}(E|Y''|^q)^{1/2}\Big)^{2/p}$$
$$\leqslant \parallel X \parallel_p \parallel Y \parallel_q^q C^{-q/p} + \rho(n)^{2/p} \parallel X \parallel_p \parallel Y \parallel_q,$$

且

$$|EXEY''| \leqslant \parallel X \parallel_p \parallel Y \parallel_q^q C^{-q/p}.$$

将这些估计代入 (58) 并取 $C = \parallel Y \parallel_q \rho(n)^{-2/q}$ 即得待证的不等式.

10.1d 令 $\{X_n, n \geqslant 1\}$ 为一 φ 混合序列, $X \in L_p(\mathcal{F}_1^k), Y \in L_q(\mathcal{F}_{k+n}^\infty)$, 其中 $p, q \geqslant 1$, 满足 $\frac{1}{p} + \frac{1}{q} = 1$. 那么

$$|EXY - EXEY| \leqslant 2\varphi(n)^{1/p} \parallel X \parallel_p \parallel Y \parallel_q .$$

证明 首先, 我们假设 X 和 Y 是简单函数, 即

$$X = \sum_i a_i I_{A_i}, \quad Y = \sum_j b_j I_{B_j},$$

其中 $\sum_i$ 和 $\sum_j$ 都是有限和且 $A_i \cap A_r = \varnothing \ (i \neq r), B_j \cap B_l = \varnothing \ (j \neq l), A_i, A_r \in \mathcal{F}_1^k, B_j, B_l \in \mathcal{F}_{k+n}^\infty.$ 于是

$$EXY - EXEY = \sum_{i,j} a_i b_j P(A_i B_j) - \sum_{i,j} a_i b_j P(A_i) P(B_j).$$

由 Hölder 不等式我们得到

$$|EXY - EXEY|$$

$$= \left| \sum_i a_i (P(A_i))^{1/p} \sum_j (P(B_j|A_i) - P(B_j)) b_j (P(A_i))^{1/q} \right|$$

$$\leqslant \left(\sum_i |a_i|^p P(A_i) \right)^{1/p} \left(\sum_i P(A_i) | \sum_j b_j (P(B_j|A_i) - P(B_j))|^q \right)^{1/q}$$

$$\leqslant \parallel X \parallel_p \left| \sum_i P(A_i) \left(\sum_j |b_j|^q (P(B_j|A_i) \right. \right.$$

$$\left. \left. + P(B_j)) \right) \left(\sum_j |P(B_j|A_i) - P(B_j)| \right)^{q/p} \right|^{1/p}$$

$$\leqslant 2^{1/q} \parallel X \parallel_p \parallel Y \parallel_q \max_i \left(\sum_j |P(B_j|A_i) - P(B_j)| \right)^{1/p} . \tag{59}$$

注意到

$$\sum_j |P(B_j|A_i) - P(B_j)| = \left(P\left(\overset{+}{\underset{j}{\bigcup}} B_j | A_i \right) - P\left(\overset{+}{\underset{j}{\bigcup}} B_j \right) \right)$$

$$- \left(P\left(\overset{-}{\underset{j}{\bigcup}} B_j \,\middle|\, A_i \right) - P\left(\overset{-}{\underset{j}{\bigcup}} B_j \right) \right)$$

$$\leqslant 2\varphi(n),$$

其中 $\overset{+}{\underset{j}{\bigcup}}$ $\left(\overset{-}{\underset{j}{\bigcup}} \right)$ 表示对所有使得 $P(B_j|A_i) - P(B_j) > 0$ $(P(B_j|A_i) - P(B_j) < 0)$ 的 j 求并. 把它代入 (59), 得证简单函数情形时待证的估计.

对于一般情形, 令

$$X_N = \begin{cases} 0, & \text{若 } |X| > N, \\ k/N, & \text{若 } k/N < X \leqslant (k+1)/N, |X| \leqslant N; \end{cases}$$

$$Y_N = \begin{cases} 0, & \text{若 } |Y| > N, \\ k/N, & \text{若 } k/N < Y \leqslant (k+1)/N, |Y| \leqslant N. \end{cases}$$

注意到已经证明的关于 X_N 和 Y_N 的结论以及当 $N \to \infty$ 时

$$E|X - X_N|^p \to 0, \ E|Y - Y_N|^q \to 0,$$

即得待证的不等式.

10.2 (Lin)

设 $\{X_n, n \geqslant 1\}$ 为一 α 混合序列. 对任意给定的整数 p, q 和 k, 令 ξ_j 为 $\mathcal{F}_{(j-1)(p+q)+1}^{jp+(j-1)q}$ 可测的 r.v., $j = 1, 2, \cdots, k$. 那么对任意的 $x > 0$,

$$P\left\{ \max_{1 \leqslant l \leqslant k} |\xi_1 + \cdots + \xi_l| > 2x \right\} \leqslant \frac{P\{|\xi_1 + \cdots + \xi_k| > x\} + k\alpha(q)}{\min\limits_{1 \leqslant l \leqslant k-1} P\{|\xi_{l+1} + \cdots + \xi_k| \leqslant x\}}.$$

证明 令

$$A = \left\{ \max_{1 \leqslant l \leqslant k} |\xi_1 + \cdots + \xi_l| > 2x \right\}, \quad B = \{|\xi_1 + \cdots + \xi_k| > x\},$$

$$A_1 = \{|\xi_1| > 2x\},$$

$$A_l = \left\{ \max_{1 \leqslant r \leqslant l-1} |\xi_1 + \cdots + \xi_r| \leqslant 2x, \ \ |\xi_1 + \cdots + \xi_l| > 2x \right\}, \quad l = 2, \cdots, k,$$

$$B_l = \{|\xi_{l+1} + \cdots + \xi_k| \leqslant x\}, \quad l = 1, \cdots, k-1, \quad B_k = \Omega.$$

那么由 α 混合的定义,

$$P(A_l B_l) \geqslant P(A_l)P(B_l) - \alpha(q)$$
$$\geqslant P(A_l)\min_{1\leqslant j\leqslant k-1}P(B_j) - \alpha(q), \quad l=1,\cdots,k.$$

因此

$$P(B) \geqslant \sum_{l=1}^k P(A_l B_l) \geqslant \sum_{l=1}^k P(A_l)\min_{1\leqslant j\leqslant k-1}P(B_j) - k\alpha(q)$$

$$= P(A)\min_{1\leqslant l\leqslant k-1}P(B_l) - k\alpha(q).$$

由此推得待证的不等式.

10.3 (Peligrad)

令 $\{X_n, n\geqslant 1\}$ 为一 ρ 混合平稳序列, $EX_1 = 0$ 且 $EX_1^4 < \infty$. 那么对任意的 $\varepsilon > 0$ 存在常数 $C = C(\varepsilon, \rho(\cdot)) > 0$ 使得对每一 $n\geqslant 1$,

$$ES_n^4 \leqslant C(n^{1+\varepsilon}EX_1^4 + \sigma_n^4),$$

其中 $\sigma_n^2 = ES_n^2$.

证明 记 $a_m = \| S_m \|_4$, $S_k(m) = \sum_{j=k+1}^{k+m} X_j$. 显然

$$a_{2m} \leqslant \| S_m + S_{k+m}(m) \|_4 + 2ka_1.$$

利用 Cauchy-Schwarz 不等式和 ρ 混合的定义, 我们有

$$E|S_m + S_{k+m}(m)|^4$$
$$\leqslant 2a_m^4 + 6E|S_m S_{k+m}(m)|^2 + 8a_m^2(E|S_m S_{k+m}(m)|^2)^{1/2}$$
$$\leqslant 2a_m^4 + 6(\sigma_m^4 + \rho(k)a_m^4) + 8a_m^2(\sigma_m^4 + \rho(k)a_m^4)^{1/2}$$
$$\leqslant 2(1 + 7\rho^{1/2}(k))a_m^4 + 8a_m^2\sigma_m^2 + 6\sigma_m^4$$
$$\leqslant (2^{1/4}(1 + 7\rho^{1/2}(k))^{1/4}a_m + 2\sigma_m)^4,$$

推得

$$a_{2m} \leqslant 2^{1/4}(1 + 7\rho^{1/2}(k))^{1/4}a_m + 2\sigma_m + 2ka_1.$$

令 $0 < \varepsilon < 1/3$ 且令 k 充分大使得 $1 + 7\rho^{1/2}(k) \leqslant 2^\varepsilon$. 对每个整数 $r \geqslant 1$ 使用递归方法, 可知存在 $c > 0$, 使得

$$a(2^r) \leqslant 2^{r(1+\varepsilon)/4}a_1 + 2\sum_{j=1}^{r} 2^{(j-1)(1+\varepsilon)/4}(\sigma(2^{r-j}) + ka_1)$$

$$\leqslant c(2^{r(1+\varepsilon)/4}a_1 + \sigma(2^r)).$$

由此推得所要的不等式.

注 利用下面的 10.4 和 10.5 中的方法, 我们能把这个结果推广到非平稳的情形.

10.4 (Shao)

令 $\{X_n, n \geqslant 1\}$ 为一 ρ 混合序列, 对每个 $n \geqslant 1$, $EX_n = 0$, $EX_n^2 < \infty$. 那么对任意的 $\varepsilon > 0$, 存在着一个 $C = C(\varepsilon) > 0$ 使得对每个 $k \geqslant 1$ 和 $n \geqslant 1$,

$$ES_k^2(n) \leqslant Cn \exp\left\{ (1+\varepsilon) \sum_{j=0}^{[\log n]} \rho(2^j) \right\} \max_{k<j\leqslant k+n} EX_j^2. \tag{60}$$

证明 不失一般性, 设 $0 < \varepsilon < 1/4$. 令 $m_j = [2^{j/(1+\varepsilon)}] + 1$. 我们将证明对某个常数 C_1 和任意的 $n < 2^{N+1}$

$$ES_k^2(n) \leqslant C_1 n \exp\left\{ \sum_{j=1}^{N} (\rho(m_j) + 4m_j^{1/2}2^{-j/2}) \right\} \max_{k<j\leqslant k+n} EX_j^2. \tag{61}$$

若取 $C_1 = 16$, 显然 (61) 对于 $n \leqslant 16$ 成立. 假设 (61) 对于 $n < 2^N$ 且 $C_1 = 16$ 成立, 也即

$$ES_k^2(n) \leqslant C_1 n \exp\left\{ \sum_{j=1}^{N-1} (\rho(m_j) + 4m_j^{1/2}2^{-j/2}) \right\} \max_{k<j\leqslant k+n} EX_j^2. \tag{62}$$

我们来考虑 $2^N \leqslant n < 2^{N+1}$ 的情形. 记 $n_1 = [(n-m_N)/2]$, $n_2 = n - m_N - n_1$. 那么, n_1 和 n_2 都小于 2^N. 由归纳假设 (62),

$$ES_k^2(n) = ES_k^2(n_1) + ES_{k+n_1+m_N}^2(n_2) + 2ES_k(n_1)S_{k+n_1+m_N}(n_2) + ES_{k+n_1}^2(m_N)$$

$$+2ES_{k+n_1}(m_N)S_{k+n_1+m_N}(n_2)+2ES_k(n_1)S_{k+n_1}(m_N)$$

$$\leqslant (ES_k^2(n_1)+ES_{k+n_1+m_N}^2(n_2))(1+\rho(m_N))+ES_{k+n_1}^2(m_N)$$

$$+2(ES_{k+n_1}^2(m_N)ES_{k+n_1+m_N}^2(n_2))^{1/2}+2(ES_k^2(n_1)ES_{k+n_1}^2(m_N))^{1/2}$$

$$\leqslant C_1\exp\left\{\sum_{j=1}^{N-1}(\rho(m_j)+4m_j^{1/2}2^{-j/2})\right\}\max_{k<j\leqslant k+n}EX_j^2$$

$$\cdot\left[(n_1+n_2)(1+\rho(m_N))+m_N+2\sqrt{n_1m_N}+2\sqrt{n_2m_N}\right]$$

$$\leqslant C_1n\exp\left\{\sum_{j=1}^{N-1}(\rho(m_j)+4m_j^{1/2}2^{-j/2})\right\}\max_{k<j\leqslant k+n}EX_j^2$$

$$\cdot\left[1+\rho(m_N)+4(m_N)^{1/2}2^{-N/2}\right]$$

$$\leqslant C_1n\exp\left\{\sum_{j=1}^{N}(\rho(m_j)+4m_j^{1/2}2^{-j/2})\right\}\max_{k<j\leqslant k+n}EX_j^2.$$

这就证明了 (61).

为了完成 (60) 的证明, 首先注意到, 由 m_j 的定义,

$$\sum_{j=1}^{\infty}m_j^{1/2}2^{-j/2}<\infty.$$

其次, 我们需要估计 $\sum_{j=1}^{N}\rho(m_j)$. 我们分段线性地把 $\rho(n)$ 的定义域推广到所有的正数, 也就是说, 对于 $i\leqslant x<i+1$, 定义 $\rho(x)=(\rho_{i+1}-\rho_i)(x-i)+\rho_i$, 并记 $\rho_0=1$. 注意到 $\rho(x)$ 是递减的, 因此,

$$\sum_{j=1}^{N}\rho(m_j)\leqslant\sum_{j=1}^{N}\rho(2^{j/(1+\varepsilon)})$$

$$\leqslant\int_0^N\rho(2^{x/(1+\varepsilon)})dx=(1+\varepsilon)\int_0^{N/(1+\varepsilon)}\rho(2^x)dx$$

$$\leqslant(1+\varepsilon)\left(1+\sum_{j=1}^{N}\rho(2^j)\right).$$

注 我们也可以证明反向的不等式. 如果附加条件: 关于 k 一致地有

$$ES_k^2(n)/\min_{k<j\leqslant k+n}EX_j^2\to\infty,\quad n\to\infty$$

和

$$\max_{k<j\leqslant k+n} EX_j^2 \leqslant a \min_{k<j\leqslant k+n} EX_j^2, \quad \text{对某个} \quad a \geqslant 1,$$

那么, 对任意的 $\varepsilon > 0$, 存在 $C' = C'(\varepsilon, \rho(\cdot), a) > 0$ 和整数 N 使得对每个 $k \geqslant 0$ 和 $n \geqslant N$

$$ES_k^2(n) \geqslant C'n \exp\left\{-(1+\varepsilon) \sum_{j=0}^{[\log n]} \rho(2^j)\right\} \min_{k<j\leqslant k+n} EX_j^2. \tag{63}$$

10.5 (Shao)

令 $\{X_n, n \geqslant 1\}$ 为一 ρ 混合序列, $EX_n = 0$, 对某 $0 < \delta < 1$, $\sup_n E|X_n|^{2+\delta} < \infty$ 且

$$\sum_{n=1}^{\infty} \rho(2^n) < \infty.$$

那么存在 $C = C(\delta, \rho(\cdot)) > 0$ 使得对每一个 $n \geqslant 1$

$$\sup_{k\geqslant 1} E|S_k(n)|^{2+\delta} \leqslant C\left\{n^{1+\delta/2}\left(\sup_{k\geqslant 1} EX_k^2\right)^{1+\delta/2}\right.$$
$$\left. + n\exp\{(C\log n)^{\delta/(2+\delta)}\} \sup_{k\geqslant 1} E|X_k|^{2+\delta}\right\}. \tag{64}$$

证明 记 $a_m = \sup_{k\geqslant 1} \| S_k(m) \|_{2+\delta}$, $\sigma_m = \sup_{k\geqslant 1} \| S_k(m) \|_2$ 和 $m_1 = m + [m^{1/5}]$. 显然

$$\| S_k(2m) \|_{2+\delta} \leqslant \| S_k(m) + S_{k+m_1}(m) \|_{2+\delta} + 2m^{1/5}a_1.$$

不难验证, 对 $x \geqslant 0$,

$$(1+x)^{2+\delta} \leqslant 1 + (2+\delta)^2(x + x^{1+\delta}) + x^{2+\delta}$$
$$\leqslant 1 + 9(x + x^{1+\delta}) + x^{2+\delta}.$$

因此

$$E|S_k(m) + S_{k+m_1}(m)|^{2+\delta} \leqslant 2a_m^{2+\delta} + 9E|S_k(m)|^{1+\delta}|S_{k+m_1}(m)|$$
$$+ 9E|S_k(m)||S_{k+m_1}(m)|^{1+\delta}.$$

此外, 由 Hölder 不等式和 10.1c, 我们有

$$E|S_k(m)|^{1+\delta}|S_{k+m_1}(m)|$$
$$\leqslant \| S_k(m) \|_{2+\delta}^{\delta} \| S_k(m)S_{k+m_1}(m) \|_{(2+\delta)/2}$$
$$\leqslant a_m^{\delta} \left\{ \sigma_m^{2+\delta} + 4\rho([m^{1/5}])a_m^{2+\delta} \right\}^{2/(2+\delta)}$$
$$\leqslant a_m^{\delta}\sigma_m^2 + 4\rho^{2/(2+\delta)}([m^{1/5}])a_m^{2+\delta}.$$

类似地

$$E|S_k(m)||S_{k+m_1}(m)|^{1+\delta} \leqslant a_m^{\delta}\sigma_m^2 + 4\rho^{2/(2+\delta)}([m^{1/5}])a_m^{2+\delta}.$$

结合这些不等式得到

$$E|S_k(m) + S_{k+m_1}(m)|^{2+\delta}$$
$$\leqslant 2a_m^{2+\delta} + 18(a_m^{\delta}\sigma_m^2 + 4\rho^{2/(2+\delta)}([m^{1/5}])a_m^{2+\delta})$$
$$\leqslant \left\{ \left[2(1 + 36\rho^{2/(2+\delta)}([m^{1/5}])) \right]^{1/(2+\delta)} a_m + 18\sigma_m \right\}^{2+\delta},$$

由此推得

$$a_{2m} \leqslant \left\{ 2(1 + 36\rho^{2/(2+\delta)}([m^{1/5}])) \right\}^{1/(2+\delta)} a_m + 18\sigma_m + 2m^{1/5}a_1.$$

注意到加在 $\rho(\cdot)$ 上的条件, 我们有

$$\rho(n) \leqslant c/\log n,$$

其中 c 是一正常数. 那么, 应用 10.3 得

$$a_{2^r} \leqslant \left\{ 2(1 + 36\rho^{2/(2+\delta)}([2^{(r-1)/5}])) \right\}^{1/(2+\delta)} a_{2^{r-1}}$$
$$\quad + 18\sigma_{2^{r-1}} + 2 \cdot 2^{(r-1)/5}a_1$$
$$\leqslant 2^{(r-1)/(2+\delta)} \prod_{j=0}^{r-1} (1 + 36\rho^{2/(2+\delta)}([2^{i/5}]))^{1/(2+\delta)} a_1$$
$$\quad + c\sigma_1 \sum_{j=0}^{r-1} 2^{j/2} \prod_{i=j+1}^{r-1} \left\{ 2(1 + 9\rho^{2/(2+\delta)}([2^{i/5}])) \right\}^{1/(2+\delta)}$$
$$\quad + 2a_1 \sum_{j=0}^{r-1} 2^{j/5} \prod_{i=j+1}^{r-1} \left\{ 2(1 + 9\rho^{2/(2+\delta)}([2^{i/5}])) \right\}^{1/(2+\delta)}$$
$$\leqslant C2^{r/2}\sigma_1 + 2^{r/(2+\delta)} \exp(Cr)^{\delta/(2+\delta)} a_1.$$

由此可得待证的不等式.

    注 进一步的结果还有: 如果假设 $E|X_n|^q < \infty$ 对某个 $q \geqslant 2$ 成立. 那么存在 $C = C(q, \rho(\cdot))$ 使得对每一 $k \geqslant 0$ 和 $n \geqslant 1$,

$$E \max_{1 \leqslant i \leqslant n} |S_k(i)|^q \leqslant C(n^{q/2} \exp\left\{ C \sum_{j=0}^{[\log n]} \rho(2^j) \right\} \max_{k < j \leqslant k+n} (E|X_j|^2)^{q/2}$$

$$+ n \exp\left\{ C \sum_{j=0}^{[\log n]} \rho^{2/q}(2^j) \right\} \max_{k < j \leqslant k+n} E|X_j|^q.$$

(参看 Shao 1995).

10.6 (Peligrad)

    令 $\{X_n, n \geqslant 1\}$ 为一 φ 混合序列, $0 < \eta < 1$. 假设存在整数 p, $1 \leqslant p \leqslant n$, 实数 $A > 0$ 使得

$$\varphi(p) + \max_{p \leqslant j \leqslant n} P\{|S_n - S_j| \geqslant A\} \leqslant \eta.$$

那么, 对任意的 $a \geqslant 0$, $b \geqslant 0$, 我们有

$$P\left\{ \max_{1 \leqslant j \leqslant n} |S_j| \geqslant a + A + b \right\}$$

$$\leqslant \frac{1}{1-\eta} P\{|S_n| \geqslant a\} + \frac{1}{1-\eta} P\left\{ \max_{1 \leqslant j \leqslant n} |X_j| \geqslant \frac{b}{p-1} \right\},$$

$$P\{|S_n| \geqslant a + A + b\} \leqslant \eta P\left\{ \max_{1 \leqslant j \leqslant n} |S_j| \geqslant a \right\} + P\left\{ \max_{1 \leqslant j \leqslant n} |X_j| \geqslant \frac{b}{p} \right\}.$$

    证明 记 $E_j = \left\{ \max_{1 \leqslant i < j} |S_i| < a + A + b \leqslant |S_j| \right\}$. 则有

$$P\left\{ \max_{1 \leqslant j \leqslant n} |S_j| \geqslant a + A + b \right\}$$

$$\leqslant P\{|S_n| \geqslant a\} + \sum_{j=1}^{n-1} P\{E_j \cap (|S_n - S_j| \geqslant A + b)\},$$

其中

$$\sum_{j=1}^{n-1} P\{E_j \cap (|S_n - S_j| \geqslant A + b)\}$$

$$\leq \sum_{j=1}^{n-p-1} P\{E_j \cap (|S_{j+p-1} - S_j| \geq b)\}$$

$$+ \sum_{j=1}^{n-p-1} P\{E_j \cap (|S_n - S_{j+p-1}| \geq A)\}$$

$$+ \sum_{j=n-p}^{n-1} P\{E_j \cap (|S_n - S_j| \geq A + b)\}$$

$$\leq \sum_{j=1}^{n-1} P\left\{E_j \cap \left(\max_{1\leq i\leq n} |X_i| \geq \frac{b}{p-1}\right)\right\}$$

$$+ \sum_{j=1}^{n-p-1} P(E_j)(P\{|S_n - S_{j+p-1}| \geq A\} + \varphi(p))$$

$$\leq P\left\{\max_{1\leq i\leq n} |X_i| \geq \frac{b}{p-1}\right\} + \eta P\left\{\max_{1\leq j\leq n} |S_j| \geq a + A + b\right\}.$$

第一个不等式证毕.

为证第二个不等式, 记 $E_j' = \left\{\max_{1\leq i<j} |S_i| < a \leq |S_j|\right\}$ 且注意到对 $1 \leq j \leq n-p$

$$|S_n - S_{j+p+1}| \geq ||S_n| - |S_{j-1}| - p\max_{1\leq i\leq n} |X_i||,$$

我们有

$$P\{|S_n| \geq a + A + b\}$$

$$\leq P\left\{|S_n| \geq a + A + b, \max_{1\leq j\leq n-p} |S_j| \geq a, \max_{1\leq j\leq n} |X_j| \leq b/p\right\}$$

$$+ P\left\{\max_{1\leq j\leq n} |X_j| > b/p\right\}$$

$$\leq \sum_{j=1}^{n-p} P\{E_j' \cap (|S_n - S_{j+p-1}| > A)\} + P\left\{\max_{1\leq j\leq n} |X_j| \geq b/p\right\}$$

$$\leq \eta P\left\{\max_{1\leq j\leq n} |S_j| \geq a\right\} + P\left\{\max_{1\leq j\leq n} |X_j| \geq b/p\right\},$$

10.7 (Shao 和 Lu)

令 $\{X_n, n \geq 1\}$ 为一 φ 混合序列, $EX_n = 0$ 且对某 $\delta > 0$, $\sup_n E|X_n|^{2+\delta} <$

∞. 又设对某个 $M > 0$,

$$\sup_k ES_k^2(n) \leqslant Mn \sup_k EX_k^2.$$

那么存在 $C = C(\delta, M, \varphi(\cdot)) > 0$ 使得对每一 $n \geqslant 1$,

$$\sup_k E|S_k(n)|^{2+\delta} \leqslant Cn^{1+\delta/2} \sup_k E|X_k|^{2+\delta}. \tag{65}$$

证明　容易看出对 $r \geqslant 1$ 和 $x \geqslant 0$

$$(1+x)^r \leqslant \sum_{k=0}^{[r]} \binom{r}{k} x^k + \delta_r x^r, \tag{66}$$

其中 $\delta_r = 1$, 如果 r 不是整数; 否则 $\delta_r = 0$. 我们对 $r = 2+\delta$ 使用归纳法来证明结论. 假设不等式对于 $l \leqslant [r]$ 成立, 而 r 不是整数. 记 $a_m = \sup_k \|S_k(m)\|_r$, k_0 为将在后面指定的整数. 由 (66), 我们有

$$\begin{aligned}
E&|S_k(m) + S_{k+m+k_0}(m)|^r \\
&\leqslant E|S_k(m)|^r + E|S_{k+m+k_0}(m)|^r \\
&\quad + \sum_{j=1}^{[r]} \binom{r}{j} E|S_k(m)|^j |S_{k+m+k_0}(m)|^{r-j} \\
&\leqslant \left(2 + 2\sum_{j=1}^{[r]} \binom{r}{j} \varphi^{1/r}(k_0)\right) a_m^r \\
&\quad + \sum_{j=1}^{[r]} \binom{r}{j} E|S_k(m)|^j E|S_{k+m+k_0}(m)|^{r-j} \\
&\equiv I_1 + I_2.
\end{aligned} \tag{67}$$

由归纳假设, 存在 $c > 0$

$$\begin{aligned}
I_2 &\leqslant \sum_{j=1}^{[r]} \binom{r}{j} (E|S_k(m)|^{[r]})^{j/[r]} (E|S_{k+m+k_0}(m)|^{[r]})^{(r-j)/[r]} \\
&\leqslant \left(m^{[r]/2} \sup_k E|X_k|^{[r]}\right)^{r/[r]} \leqslant cm^{r/2} a_1^r.
\end{aligned}$$

把上面的不等式代入 (67), 得

$$a_{2m} \leqslant \left(2 + 2 \sum_{j=1}^{[r]} \binom{r}{j} \varphi^{1/r}(k_0) \right)^{1/r} a_m + cm^{1/2}a_1.$$

选取充分大的 k_0, 和 10.5 的处理方法一样, 我们得知在现在的情形下待证的不等式成立. 类似地, 对于 $[r]+1$, 结论也成立. 证毕.

10.8 (Lin)

令 $\{X_n, n \geqslant 1\}$ 为一 φ 混合序列, $EX_n = 0$ 且 $|X_n| \leqslant b_n < \infty$. 假设存在 $0 < \sigma^2 \leqslant \sigma'^2 < \infty$ 使得

$$\sigma^2 n \leqslant \sup_k ES_k(n)^2 \leqslant \sigma'^2 n. \tag{68}$$

令 p, q, k 为正整数, $p = p_n \leqslant n$, $q = q_n = o(p_n)$, $q_n \uparrow \infty$, $k = k_n = [n/(p_n + q_n)]$. 记 $b = \max_{1 \leqslant j \leqslant n} b_j$, $\sigma_n^2 = ES_n^2$. 假设

$$pb^2\varphi(q) = o(1), \quad \sum_{j=1}^{k} \varphi^{1/2}(jp) = O(1). \tag{69}$$

那么对满足以下两式的 $x = x_n$ 和小的 $\varepsilon > 0$,

$$\frac{4}{\varepsilon} bn\varphi(q) \leqslant x \leqslant \frac{\varepsilon\sigma_n^2}{pb}, \tag{70}$$

$$x^2/n \to \infty \quad (n \to \infty), \tag{71}$$

以及对充分大的 n, 我们有

$$P\left\{ \max_{1 \leqslant j \leqslant n} |S_j| \geqslant x \right\} \leqslant 3 \exp\left\{ -\frac{(1-6\varepsilon)x^2}{2\sigma_n^2} \right\}. \tag{72}$$

如果 (70) 被

$$x > \varepsilon\sigma_n^2/pb \tag{73}$$

代替, 那么

$$P\left\{ \max_{1 \leqslant j \leqslant n} |S_j| \geqslant x \right\} \leqslant 3 \exp\left\{ -\frac{\varepsilon(1-5\varepsilon)x}{2pb} \right\}. \tag{74}$$

证明 我们总假设 n 是充分大的. 定义

$$\xi_i = \sum_{j=i(p+q)+1}^{(i+1)p+iq} X_j, \quad \eta_i = \sum_{j=(i+1)p+iq+1}^{(i+1)(p+q)} X_j, \quad i = 0, 1, \cdots, k-1,$$

$$\eta_k = \sum_{j=k(p+q)+1}^{n} X_j.$$

令 σ 代数 $\mathcal{F}_{-1} = \{\phi, \Omega\}$, $\mathcal{F}_i = \sigma(X_j, j \leqslant (i+1)p + iq)$, $i = 0, 1, \cdots, k-1$. 定义鞅差 $\gamma_i = \xi_i - E(\xi_i | \mathcal{F}_{i-1})$, $i = 0, 1, \cdots, k-1$. 记

$$P\{|S_n| \geqslant x\} \leqslant P\left\{\left|\sum_{i=0}^{k-1} \xi_i\right| \geqslant \left(1 - \frac{\varepsilon}{2}\right) x\right\} + P\left\{\left|\sum_{i=0}^{k} \eta_i\right| \geqslant \frac{1}{2}\varepsilon x\right\}$$

$$\equiv J_1 + J_2.$$

考虑 J_1, 记

$$J_1 \leqslant P\left\{\left|\sum_{i=0}^{k-1} \gamma_i\right| \geqslant (1-\varepsilon) x\right\} + P\left\{\left|\sum_{i=0}^{k-1} E(\xi_i | \mathcal{F}_{i-1})\right| \geqslant \frac{1}{2}\varepsilon x\right\}$$

$$\equiv J_{11} + J_{12}.$$

由 10.1d(注意 $|\xi_i| \leqslant pb$), 对任意的 $B_{i-1} \in \mathcal{F}_{i-1}$,

$$|E\xi_i I_{B_{i-1}}| \leqslant 2\varphi(q)pbP(B_{i-1}),$$

由此推得

$$|E(\xi_i | \mathcal{F}_{i-1})| \leqslant 2\varphi(q)pb \quad \text{a.s.,} \quad i = 0, 1, \cdots, k-1. \tag{75}$$

利用条件 (70), 我们得 $J_{12} = 0$.

现在来估计 J_{11}. 注意到 $|\gamma_i| \leqslant (1+\varepsilon)pb$ a.s. 并通过展开 $E\{\exp(\lambda\gamma_i) | \mathcal{F}_{i-1}\}$, 容易验证对 $0 < \lambda \leqslant ((1+\varepsilon)pb)^{-1}$ 和大的 n,

$$\zeta_j \equiv \exp\left(\lambda \sum_{i=0}^{j} \gamma_i\right) \exp\left\{-\frac{\lambda^2}{2}\left(1 + \frac{1}{2}(1+\varepsilon)pb\lambda\right) \sum_{i=0}^{j} E(\gamma_i^2 | \mathcal{F}_{i-1})\right\},$$

$$j = 0, 1, \cdots, k-1$$

具有上鞅的性质. 记

$$P\left\{ \sum_{i=0}^{k-1} \gamma_i \geqslant (1-\varepsilon)x \right\}$$
$$= P\{\zeta_{k-1} \geqslant \exp(\lambda(1-\varepsilon)x)$$
$$\cdot \exp\left\{ -\frac{\lambda^2}{2}\left(1 + \frac{1}{2}(1+\varepsilon)pb\lambda \right) \sum_{i=0}^{k-1} E(\gamma_i^2|\mathcal{F}_{i-1}) \right\}. \qquad (76)$$

利用类似于 (75) 的证明方法, 可知 $|E(\xi_i^2|\mathcal{F}_{i-1}) - E\xi_i^2| \leqslant 2\varphi(q)(pb)^2$ a.s. 因此由条件 (68) 和 (69) 得到

$$\sum_{i=0}^{k-1} E(\xi_i^2|\mathcal{F}_{i-1}) = (1+o(1)) \sum_{i=0}^{k-1} E\xi_i^2$$
$$= (1+o(1))\left(E\left(\sum_{i=0}^{k-1} \xi_i \right)^2 - 2 \sum_{0 \leqslant i < j \leqslant k-1} E\xi_i\xi_j \right) \qquad \text{a.s.}$$

此外由 (75) 推出

$$\sum_{i=0}^{k-1} (E(\xi_i|\mathcal{F}_{i-1}))^2 \leqslant 4\varphi(q)^2 p^2 b^2 n = o(n) \quad \text{a.s.}$$

因此

$$\sum_{i=0}^{k-1} E(\gamma_i^2|\mathcal{F}_{i-1}) = \sum_{i=0}^{k-1} E(\xi_i^2|\mathcal{F}_{i-1}) - \sum_{i=0}^{k-1} (E(\xi_i|\mathcal{F}_{i-1}))^2$$
$$= (1+o(1)) \sum_{i=0}^{k-1} E\xi_i^2 \quad \text{a.s.}$$

由 10.1d 和 (69) 我们有

$$\sum_{0 \leqslant i < j \leqslant k-1} E\xi_i\xi_j \leqslant \sum_{i=0}^{k-2}\left(|E\xi_i\xi_{i+1}| + \sum_{j=i+2}^{k-1} |E\xi_i\xi_j| \right)$$

$$\leqslant 2\sigma' p^{\frac{1}{2}} pb \sum_{i=0}^{k-2} \left(\varphi(q) + \sum_{j=i+2}^{k-1} \varphi((j-i-1)p) \right)$$

$$= o(n).$$

此外

$$E\left(\sum_{i=0}^{k-1} \xi_i \right)^2 = ES_n^2 - 2ES_n \left(\sum_{i=0}^{k} \eta_i \right) + E\left(\sum_{i=0}^{k} \eta_i \right)^2.$$

由条件 (68) 和 (69) 中的第二个等式, 我们得到

$$E\left(\sum_{i=0}^{k} \eta_i \right)^2 \leqslant 2E\left(\sum_{i=0}^{k-1} \eta_i \right)^2 + 2E\eta_k^2 = O(kq+p).$$

事实上, $E\eta_k^2 = O(p)$ 且

$$E\left(\sum_{i=0}^{k-1} \eta_i \right)^2 = \sum_{i=0}^{k-1} E\eta_i^2 + 2 \sum_{0 \leqslant i < j \leqslant k-1} E\eta_i\eta_j$$

$$\leqslant \sigma'^2 kq + 2\sigma'^2 q \sum_{j=1}^{k-1} (k-j)\varphi^{\frac{1}{2}}(jp)$$

$$= O(kq).$$

因此

$$E\left(\sum_{i=0}^{k-1} \xi_i \right)^2 = (1+o(1))\sigma_n^2.$$

综合这些估计得

$$\sum_{i=0}^{k-1} E(\gamma_i^2 | \mathcal{F}_{i-1}) = (1+o(1))\sigma_n^2 \qquad \text{a.s.} \tag{77}$$

把它代入 (76) 并注意到对任意的 $\alpha > 0$, $P\{\zeta_{k-1} \geqslant \alpha\} \leqslant \alpha^{-1}$. 我们得

$$P\left\{ \sum_{i=0}^{k-1} \gamma_i \geqslant (1-\varepsilon)x \right\}$$

$$\leqslant \exp\left\{ -\lambda(1-\varepsilon)x + \frac{\lambda^2}{2}\left(1 + \frac{1}{2}(1+\varepsilon)pb\lambda \right)(1+\varepsilon)\sigma_n^2 \right\}. \tag{78}$$

取 $\lambda = x/((1+\varepsilon)\sigma_n^2)$, 根据 (70) 我们有 $\lambda \leqslant \varepsilon((1+\varepsilon)pb)^{-1}$. 于是

$$P\left\{\sum_{i=0}^{k-1} \gamma_i \geqslant (1-\varepsilon)x\right\} \leqslant \exp\left\{-\frac{(1-4\varepsilon)x^2}{2\sigma_n^2}\right\}.$$

用 $-X_j$ 替换 X_j, 我们得到

$$J_{11} = P\left\{\left|\sum_{i=0}^{k-1} \gamma_i\right| \geqslant (1-\varepsilon)x\right\} \leqslant 2\exp\left\{-\frac{(1-4\varepsilon)x^2}{2\sigma_n^2}\right\}.$$

因此 $J_{12} = 0$, 所以对 J_1 有同样的界.

对于 J_2, 考虑到 $q_n = o(p_n)$, $3^{-1}\exp\{-(1-4\varepsilon)x^2/(2\sigma_n^2)\}$ 显然是它的一个上界. 因此我们已经证明了

$$P\{|S_n| \geqslant x\} \leqslant \frac{7}{3}\exp\left\{-\frac{(1-4\varepsilon)x^2}{2\sigma_n^2}\right\}. \tag{79}$$

为了从 (79) 得到第一个待证的不等式, 我们利用 10.6, 因为 $\varphi(n) \to 0$, 所以存在着整数 p_0 使得 $\varphi(p_0) \leqslant 10^{-1}$. 利用条件 (68) 和 (71), 对大的 n 我们有

$$\max_{1\leqslant i\leqslant n} P\left\{|S_n - S_i| \geqslant \frac{\varepsilon x}{2(1+\varepsilon)}\right\}$$

$$\leqslant \frac{4(1+\varepsilon)^2\sigma'^2 n}{\varepsilon^2 x^2} \leqslant \frac{1}{10}.$$

因此 10.6 中的 η 可选择为 5^{-1}. 此外根据 (70) 和 (71),

$$\max_{1\leqslant i\leqslant n} |X_i| \leqslant b \leqslant \frac{\varepsilon\sigma'^2 n}{px} \leqslant \frac{\varepsilon\sigma'^2 k}{x^2}x = o(x). \tag{80}$$

因此对大的 n,

$$P\left\{\max_{1\leqslant i\leqslant n} |X_i| \geqslant \frac{\varepsilon x}{2(1+\varepsilon)(p_0-1)}\right\} = 0.$$

由 10.6, 我们得到第一个待证的不等式:

$$P\left\{\max_{1\leqslant i\leqslant n} |S_i| \geqslant x\right\}$$

$$\leqslant \frac{5}{4}P\left\{|S_n| \geqslant \frac{x}{1+\varepsilon}\right\} + \frac{5}{4}P\left\{\max_{1\leqslant i\leqslant n} |X_i| \geqslant \frac{\varepsilon x}{2(1+\varepsilon)(p_0-1)}\right\}$$

$$\leqslant 3\exp\left\{-\frac{(1-6\varepsilon)}{2\sigma_n^2}x^2\right\}.$$

下面证明第二个不等式. 显然我们可以假设对某个 $\delta > 0$ 成立 $x/pb > \delta$. 如果 (73) 被满足, 在 (78) 中取 $\lambda = \varepsilon((1+\varepsilon)pb)^{-1}$, 得

$$P\left\{\sum_{i=0}^{k-1}\gamma_i \geqslant (1-\varepsilon)x\right\} \leqslant \exp\left\{-\frac{\varepsilon(1-4\varepsilon)x^2}{2pb}\right\}. \tag{81}$$

模仿前面的过程且用 $\max_{1\leqslant i\leqslant n}|X_i| \leqslant b < x/pb = o(x)$ 代替 (80), 我们可从 (81) 得到 (77). 不等式得证.

称两个 r.v. X 和 Y 为正象限相依的 (PQD), 如果对任意的 x 和 y, 有 $P(X > x, Y > y) \geqslant P(X > x)P(Y > y)$; 称它们为负象限相依的 (NQD), 如果 $P(X > x, Y > y) \leqslant P(X > x)P(Y > y)$.

称 n 个 r.v. $X_1, \cdots, X_n$ 为 (正) 相协的 (PA), 如果对任意的 R^n 上的坐标非降函数 f 和 g, $\mathrm{Cov}(f(X_1, \cdots, X_n), g(X_1, \cdots, X_n)) \geqslant 0$, 只要这协方差存在. 称它们为负相协的 (NA), 如果对任意的非交集合 $A, B \subset \{1, \cdots, n\}$ 和任意的 R^A 上的非降函数 f 和 R^B 上的非降函数 g, $\mathrm{Cov}(f(X_k, k \in A), g(X_j, j \in B)) \leqslant 0$, 只要这协方差存在.

一个无穷 r.v. 族被称为是线性正象限相依的 (LPQD), 如果对任意的非交集合 A, B 和正数 a_j, $\sum_{k\in A} a_k X_k$ 和 $\sum_{j\in B} a_j X_j$ 是 PQD 的; 可类似地定义线性负象限相依 (LNQD). 一个无穷 r.v. 族被称为是 (正) 相协 (负相协) 的, 如果每个有限子族是 PA (NA).

显然, 对于一对 r.v., PQD (NQD) 等价于 PA (NA). 对于一个 r.v. 族, PA(NA) 推出 LPQD (LNQD).

10.9 (Lehmann)

如果 X 和 Y 是 PQD (或 NQD) r.v., 那么

$$EXY \geqslant EXEY \text{ (或 } EXY \leqslant EXEY),$$

只要这里的期望存在. 等号成立当且仅当 X 和 Y 是独立的.

证明   我们仅考虑 PQD 情形. 如果 F 表示 X 和 Y 的联合分布, F_X 和 F_Y 表示边际分布, 那么我们有

$$EXY - EXEY = \int\int (F(x,y) - F_X(x)F_Y(y))dxdy, \tag{82}$$

从 PQD 的定义立刻推得我们所要的不等式.

现在假设等式成立. 那么除了在一个 Lebesgue 测度为 0 的集合外, 都有 $F(x,y) = F_X(x)F_Y(y)$. 由于分布函数是左连续的, 容易看出如果两个分布函数关于 Lebesgue 测度是几乎处处相等的, 那么它们是相等的. 因此 X 和 Y 是独立的.

10.10 (Esary 等)

令 $X_1, \cdots, X_n$ 为 PA (或 NA) r.v., $Y_j = f_j(X_1, \cdots, X_n)$ 且 f_j 是非降的, $j = 1, \cdots, k$. 那么对任意的 $x_1, \cdots, x_k$,

$$P\left\{\bigcap_{j=1}^{k}(Y_j \leqslant x_j)\right\} \geqslant \prod_{j=1}^{k} P\{Y_j \leqslant x_j\}$$

$$\left(\text{或} \quad P\left\{\bigcap_{j=1}^{k}(Y_j \leqslant x_j)\right\} \leqslant \prod_{j=1}^{k} P\{Y_j \leqslant x_j\}\right),$$

$$P\left\{\bigcap_{j=1}^{k}(Y_j > x_j)\right\} \geqslant \prod_{j=1}^{k} P\{Y_j > x_j\}$$

$$\left(\text{或} \quad P\left\{\bigcap_{j=1}^{k}(Y_j > x_j)\right\} \leqslant \prod_{j=1}^{k} P\{Y_j > x_j\}\right).$$

证明 仅考虑 PA 情形. 显然 $Y_1, \cdots, Y_k$ 是 PA 的. 令 $A_j = \{Y_j > x_j\}$. 那么 $I_j = I(A_j)$ 关于 Y_j 是非降的, 因此, $I_1, \cdots, I_k$ 是 PA 的. 考察递增函数 $f(t_1, \cdots, t_k) = t_1$ 和 $g(t_1, \cdots, t_k) = t_2 \cdots t_k$. $f(I_1, \cdots, I_k)$ 和 $g(I_1, \cdots, I_k)$ 是 PA 的, 因此由 10.9,

$$E(I_1 I_2 \cdots I_k) \geqslant E(I_1)E(I_2 \cdots I_k).$$

重复这样的讨论得 $E(I_1 I_2 \cdots I_k) \geqslant E(I_1) \cdots E(I_k)$. 第二个不等式得证.

至于第一个不等式, 用 $1 - I_j$ 代替 I_j, 并令 $\bar{f}(t_1, \cdots, t_k) = 1 - f(1 - t_1, \cdots, 1 - t_k)$, $\bar{g}(t_1, \cdots, t_k) = 1 - g(1 - t_1, \cdots, 1 - t_k)$, 这两个都是递增函数. 于是

$$\text{Cov}(f(1 - I_1, \cdots, 1 - I_k), g(1 - I_1, \cdots, 1 - I_k))$$
$$= \text{Cov}(\bar{f}(I_1, \cdots, I_k), \bar{g}(I_1, \cdots, I_k)) \geqslant 0,$$

由此推得所要的第一个不等式.

10.11 (Newman)

令 $X_1, \cdots, X_n$ 为 LPQD 或 LNQD r.v., $\varphi_j(t_j)$ 和 $\varphi(t_1, \cdots, t_n)$ 为 X_j 和 $(X_1, \cdots, X_n)$ 的 c.f., 那么

$$\left| \varphi(t_1, \cdots, t_n) - \prod_{j=1}^{n} \varphi_j(t_j) \right| \leqslant \sum_{1 \leqslant k < l \leqslant n} |t_k t_l \mathrm{Cov}(X_k, X_l)|.$$

证明 我们通过对 n 用归纳法来证明. 当 $n = 2$ 时, 由分部积分, 类似于 10.9 中的 (82), 推得

$$\mathrm{Cov}(e^{\mathrm{i}t_1 X_1}, e^{\mathrm{i}t_2 X_2}) = \int\int \mathrm{i}t_1 e^{\mathrm{i}t_1 x_1} \mathrm{i}t_2 e^{\mathrm{i}t_2 x_2} H(x_1, x_2) dx_1 dx_2,$$

其中 $H(x_1, x_2) = P(X_1 > x_1, X_2 > x_2) - P(X_1 > x_1)P(X_2 > x_2)$. 由三角不等式, H 的非负性和 10.9 中的 (82) 可得 $n = 2$ 时待证的不等式.

选取 $\{1, \cdots, n\}$ 的一个真子集 A 使得对于 $j \in A$, t_j 有相同的符号, 而对 $j \in \bar{A} = \{1, \cdots, n\} - A$, t_j 也有相同的符号. 不失一般性, 假设 $A = \{1, \cdots, m\}$ $(1 \leqslant m < n)$ (必要的话可通过重新书写足标达到). 定义 $Y_1 = \sum_{j=1}^{m} t_j X_j$, $Y_2 = \sum_{j=m+1}^{n} t_j X_j$ 和 $\varphi_Y = E \exp(\mathrm{i}Y)$. 那么

$$\left| \varphi(t_1, \cdots, t_n) - \prod_{j=1}^{n} \varphi_j(t_j) \right|$$

$$\leqslant |\varphi(t_1, \cdots, t_n) - \varphi_{Y_1}\varphi_{Y_2}| + |\varphi_{Y_1}| \left| \varphi_{Y_2} - \prod_{j=m+1}^{n} \varphi_j(t_j) \right|$$

$$+ \left| \prod_{j=m+1}^{n} \varphi_j(t_j) \right| \left| \varphi_{Y_1} - \prod_{j=1}^{m} \varphi_j(t_j) \right|$$

$$\leqslant |\mathrm{Cov}(Y_1, Y_2)| + \sum_{m+1 \leqslant k < l \leqslant n} |t_k t_l \mathrm{Cov}(X_k, X_l)|$$

$$+ \sum_{1 \leqslant k < l \leqslant m} |t_k t_l \mathrm{Cov}(X_k, X_l)|$$

$$\leqslant \sum_{1 \leqslant k < l \leqslant n} |t_k t_l \mathrm{Cov}(X_k, X_l)|.$$

10.12 (Newman 和 Wright)

令 $X_1, \cdots, X_n$ 为 PA r.v., 它们的均值为 0, 方差有限. 记 $S_k = \sum_{j=1}^k X_j$.

10.12a　记 $M_n = \max_{1 \leqslant k \leqslant n} S_k$. 我们有

$$EM_n^2 \leqslant \mathrm{Var} S_n.$$

证明　定义 $K_n = \min\{0, X_2 + \cdots + X_n, X_3 + \cdots + X_n, \cdots, X_n\}$, $L_n = \max\{X_2, X_2 + X_3, \cdots, X_2 + \cdots + X_n\}$, $J_n = \max\{0, L_n\}$. 注意到 $K_n = X_2 + \cdots + X_n - J_n$ 是 X_j 的非降函数, 故有 $\mathrm{Cov}(X_1, K_n) \geqslant 0$. 因此

$$
\begin{aligned}
EM_n^2 &= E(X_1 + J_n)^2 = \mathrm{Var} X_1 + 2\mathrm{Cov}(X_1, J_n) + EJ_n^2 \\
&= \mathrm{Var} X_1 + 2\mathrm{Cov}(X_1, X_2 + \cdots + X_n) - 2\mathrm{Cov}(X_1, K_n) + EJ_n^2 \\
&\leqslant \mathrm{Var} X_1 + 2\mathrm{Cov}(X_1, X_2 + \cdots + X_n) + EL_n^2.
\end{aligned}
\tag{83}
$$

关于 n, 利用归纳法. 因为从归纳假设可推出 $EL_n^2 \leqslant \mathrm{Var}(X_2 + \cdots + X_n)$, 再结合 (83) 即得待证的不等式.

10.12b　记 $s_n^2 = ES_n^2$. 对任意的 $x \geqslant \sqrt{2}$, 我们有

$$P\left\{ \max_{1 \leqslant j \leqslant n} |S_j| \geqslant x s_n \right\} \leqslant 2P\{|S_n| \geqslant (x - \sqrt{2}) s_n\}.$$

证明　令 $S_n^* = \max(0, S_1, \cdots, S_n)$, 对 $0 \leqslant x_1 < x_2$, 我们有

$$
\begin{aligned}
P\{S_n^* \geqslant x_2\} &\leqslant P\{S_n \geqslant x_1\} + P\{S_{n-1}^* \geqslant x_2, S_{n-1}^* - S_n > x_2 - x_1\} \\
&\leqslant P\{S_n \geqslant x_1\} + P\{S_{n-1}^* \geqslant x_2\} P\{S_{n-1}^* - S_n > x_2 - x_1\} \\
&\leqslant P\{S_n \geqslant x_1\} + P\{S_n^* \geqslant x_2\} E(S_{n-1}^* - S_n)^2 / (x_2 - x_1)^2.
\end{aligned}
$$

这里用到了下列事实: 因为 S_{n-1}^* 和 $S_n - S_{n-1}^*$ 都是 X_j 的非降函数, 所以它们也是 PA 的. 将 10.12a 里的 X_j 替换为 $Y_j = -X_{n-j+1}$, 由这不等式推出

$$E(S_{n-1}^* - S_n)^2 = E(\max(Y_1, Y_1 + Y_2, \cdots, Y_1 + \cdots + Y_n)^2) \leqslant ES_n^2.$$

因此对 $(x_2 - x_1)^2 \geqslant s_n^2$, 我们有

$$P\{S_n^* \geqslant x_2\} \leqslant (1 - s_n^2 / (x_2 - x_1)^2)^{-1} P\{S_n \geqslant x_1\}.
\tag{84}$$

用 $-X_j$ 替换 X_j, 可得类似的不等式, 将这两个不等式相加, 并且取 $x_2 = xs_n$, $x_1 = (x - \sqrt{2})s_n$, 得到所要的不等式.

10.13 (Lin)

令 $\{X_n, n \geqslant 1\}$ 为 LPQD r.v. 序列, 满足 $EX_n = 0$. 记 $S_k(n) = \sum_{j=k+1}^{k+n} X_j$ 和 $\mu(n) = \sup_{k \geqslant 1} \sum_{j:|j-k| \geqslant n} \mathrm{Cov}(X_j, X_k)$. 则

$$\sup_{k \geqslant 1} ES_k(n)^2 \leqslant 4n \left(\sup_{n \geqslant 1} EX_n^2 + \sum_{i=1}^{[\log_2 n]} \max_{(n/2^i)^{1/3} \leqslant j \leqslant n/2^{i-1}} \mu(j) \right).$$

证明 令 $\| X \|_p = (E|X|^p)^{1/p}$ $(p > 0)$, $\tau_m = \sup_{k \geqslant 1} \| S_k(m) \|_2$ 及 $m_1 = m + [m^{1/3}]$. 记

$$S_k(2m) = S_k(m) + S_{k+m}([m^{1/3}]) + S_{k+m_1}(m) - S_{k+2m}([m^{1/3}]).$$

我们有

$$\| S_k(2m) \|_2 \leqslant \| S_k(m) + S_{k+m_1}(m) \|_2 + 2[m^{1/3}]\tau_1$$

和

$$\begin{aligned} E(S_k(m) + S_{k+m_1}(m))^2 &\leqslant 2\tau_m^2 + 2ES_k(m)S_{k+m_1}(m) \\ &\leqslant 2\tau_m^2 + 2 \sum_{j=[m^{1/3}]+1}^{m_1} \mu(j). \end{aligned}$$

递归地, 对每个整数 $r > 0$, 得到

$$\begin{aligned} \tau_{2^r}^2 &\leqslant 2 \left\{ 2^r \tau_1^2 + \sum_{i=1}^{r} 2^i \sum_{j=[2^{(r-i)/3}]+1}^{2^{r-i+1}} \mu(j) + 4 \sum_{i=1}^{r} 2^{2(i-1)/3} \tau_1^2 \right\} \\ &\leqslant 4 \cdot 2^r \left(\tau_1^2 + \sum_{i=1}^{r} \max_{2^{(r-i)/3} \leqslant j \leqslant 2^{r-i+1}} \mu(j) \right), \end{aligned}$$

由此即可推得待证的不等式.

10.14 (Shao)

设 $X_1, \cdots, X_n$ 是 NA r.v., $X_1^*, \cdots, X_n^*$ 是独立 r.v. 对每一 $i = 1, \cdots, n$, X_i^* 和 X_i 有相同的分布. 那么对任意的 R^1 上的凸函数 f,

$$Ef\left(\sum_{i=1}^{n} X_i\right) \leqslant Ef\left(\sum_{i=1}^{n} X_i^*\right), \tag{85}$$

只要上式右边的数学期望存在. 如果 f 又是不减的, 那么

$$Ef\left(\max_{1\leqslant k\leqslant n}\sum_{i=1}^{k} X_i\right) \leqslant Ef\left(\max_{1\leqslant k\leqslant n}\sum_{i=1}^{k} X_i^*\right), \tag{86}$$

只要上式右边的数学期望存在.

证明 我们只证 (85), (86) 的证明参见 (Shao 2000). 由归纳法, 只要证明

$$Ef(X_1 + X_2) \leqslant Ef(X_1^* + X_2^*) \tag{87}$$

即可. 令 (Y_1, Y_2) 为 (X_1, X_2) 的独立复制. 则有

$$f(X_1 + X_2) + f(Y_1 + Y_2) - f(X_1 + Y_2) - f(Y_1 + X_2)$$
$$= \int_{X_2}^{Y_2} (f_+'(Y_1 + t) - f_+'(X_1 + t)) dt$$
$$= \int_{-\infty}^{\infty} (f_+'(Y_1 + t) - f_+'(X_1 + t))(I(Y_2 > t) - I(X_2 > t)) dt,$$

其中 $f_+'(x)$ 为 $f(x)$ 的右导数. 它是单调不减的, 由负相协性和 Fubini 定理, 得

$$2(Ef(X_1 + X_2) - Ef(X_1^* + X_2^*))$$
$$= E(f(X_1 + X_2) + f(Y_1 + Y_2) - f(X_1 + Y_2) - f(Y_1 + X_2))$$
$$= 2\int_{-\infty}^{\infty} \text{Cov}(f_+'(X_1 + t), I(X_2 \geqslant t)) dt \leqslant 0.$$

(87) 得证.

注 作为上述结果的推论, 可以得到关于 NA r.v. 的一系列重要不等式. 例如对 $1 < p \leqslant 2$,

$$E \max_{1\leqslant k\leqslant n}\left|\sum_{i=1}^{k} X_i\right|^p \leqslant 2E\left|\sum_{i=1}^{n} X_i^*\right|^p,$$

$$E \max_{1 \leqslant k \leqslant n} \left| \sum_{i=1}^{k} X_i \right|^p \leqslant 2^{3-p} \sum_{i=1}^{n} E|X_i|^p;$$

对 $p > 2$,

$$E \max_{1 \leqslant k \leqslant n} \left| \sum_{i=1}^{k} X_i \right|^p \leqslant 2(15p/\log p)^p \left\{ \left(\sum_{i=1}^{n} EX_i^2 \right)^{p/2} + \sum_{i=1}^{n} E|X_i|^p \right\}.$$

此外, 若记 $S_n = \sum_{i=1}^{n} X_i$, $B_n = \sum_{i=1}^{n} EX_i^2$, 则对任意的 $x > 0$, $a > 0$ 和 $0 < \alpha < 1$,

$$P\left\{ \max_{1 \leqslant k \leqslant n} S_k \geqslant x \right\} \leqslant P\left\{ \max_{1 \leqslant k \leqslant n} X_k > a \right\}$$
$$+ \frac{1}{1-\alpha} \exp\left\{ -\frac{x^2\alpha}{2(ax+B_n)} \left(1 + \frac{2}{3}\log\left(1 + \frac{ax}{B_n}\right) \right) \right\},$$

$$P\left\{ \max_{1 \leqslant k \leqslant n} |S_k| \geqslant x \right\} \leqslant 2P\left\{ \max_{1 \leqslant k \leqslant n} |X_k| > a \right\}$$
$$+ \frac{2}{1-\alpha} \exp\left\{ -\frac{x^2\alpha}{2(ax+B_n)} \left(1 + \frac{2}{3}\log\left(1 + \frac{ax}{B_n}\right) \right) \right\}.$$

下面是关于 NA r.v. 的 Marcinkiewicz-Zygmund-Burkholder 不等式.

10.15 (Zhang)

设 $X_1, \cdots, X_n$ 为零均值的 NA r.v. 则对 $r \geqslant 1$,

$$E\left| \sum_{i=1}^{n} X_i \right|^r \leqslant A_r E \left(\sum_{i=1}^{n} X_i^2 \right)^{r/2}.$$

证明 设 X, Y 为零均值 NA r.v., $f(x)$ 为凸函数. 那么类似于 10.14 中的证明, 有

$$Ef(X+Y) \leqslant Ef(X-Y).$$

现令 $\varepsilon_j, j = 1, \cdots, n$ 为 i.i.d.r.v., 其分布为 $P(\varepsilon_1 = 1) = P(\varepsilon_1 = -1) = \frac{1}{2}$. 假设 $\{\varepsilon_j\}$ 与 $\{X_j\}$ 独立. 取

$$X = \sum_{j=1}^{n} X_j I(\varepsilon_j = 1), \quad Y = \sum_{j=1}^{n} X_j I(\varepsilon_j = -1).$$

则

$$X + Y = \sum_{j=1}^{n} X_j, \quad X - Y = \sum_{j=1}^{n} \varepsilon_j X_j.$$

在给定 $\{\varepsilon_j\}$ 的条件下, X 和 Y 为 NA r.v., 从而

$$\begin{aligned}
Ef\left(\sum_{j=1}^{n} X_j\right) &= Ef(X + Y) = E(E(f(X+Y)|\varepsilon_1, \varepsilon_2, \cdots)) \\
&\leqslant E(E(f(X-Y)|\varepsilon_1, \varepsilon_2, \cdots)) \\
&= Ef(X - Y) = Ef\left(\sum_{j=1}^{n} \varepsilon_j X_j\right).
\end{aligned}$$

取 $f(x) = |x|^r$. 由 Khintchine 不等式 (即 9.6) 得到

$$E\left|\sum_{i=1}^{n} X_i\right|^r \leqslant E\left|\sum_{j=1}^{n} \varepsilon_j X_j\right|^r \leqslant A_r E\left(\sum_{i=1}^{n} X_i^2\right)^{r/2}.$$

$11.$ 关于随机过程和取值于 Banach 空间的随机变量的不等式

定义在概率空间 $(\Omega, \mathcal{F}, P)$ 上的随机过程 $\{W(t), t \geqslant 0\}$ 称为 Wiener 过程 (或 Brown 运动), 若

(i) 对任意 $\omega \in \Omega$, $W(0, \omega) = 0$, 对任意 $0 \leqslant s \leqslant t$, $W(t) - W(s) \in N(0, t-s)$;

(ii) 样本函数 $W(t, \omega)$ 以概率 1 在 $[0, \infty)$ 上连续;

(iii) 对 $0 \leqslant t_1 < t_2 \leqslant t_3 < t_4 \leqslant \cdots \leqslant t_{2n-1} < t_{2n}$, 增量 $W(t_2) - W(t_1)$, $W(t_4) - W(t_3), \cdots, W(t_{2n}) - W(t_{2n-1})$ 相互独立.

称随机过程 $\{N(t), t \geqslant 0\}$ 为 Poisson 过程, 如果对所有的 $k \geqslant 1$ 及所有的 $0 \leqslant t_1 \leqslant t_2 \leqslant \cdots \leqslant t_k$, $N(t_1)$, $N(t_2) - N(t_1)$, $\cdots$, $N(t_k) - N(t_{k-1})$ 是相互独立、参数为 $t_1, t_2 - t_1, \cdots, t_k - t_{k-1}$ 的 Poisson r.v.

11.1 (Wiener 过程上确界的概率估计)

11.1a 对于任意的 $x \geqslant 0$,

$$P\Big\{ \sup_{0 \leqslant s \leqslant t} W(s) \geqslant x \Big\} \leqslant 2P\{W(t) \geqslant x\}, \quad P\Big\{ \inf_{0 \leqslant s \leqslant t} W(s) \leqslant -x \Big\} \leqslant 2P\{W(t) \leqslant -x\},$$

$$P\Big\{ \sup_{0 \leqslant s \leqslant t} |W(s)| \geqslant x \Big\} \leqslant 2P\{|W(t)| \geqslant x\} = 4P\{W(1) \geqslant xt^{-1/2}\}.$$

证明 我们将证明第一个估计, 第二个估计由对称性推出, 第三个估计可由前两个不等式相加得到.

如果 $x = 0$, 结果是显然的, 因此假设 $x > 0$. 令 $0 < x' < x$, $A_n = \{\max\{W(j/2^n) : j = 0, t, \cdots, t2^n\} \geqslant x'\}$. 那么, 由 Lévy-Skorohod 不等式 (即 5.8b),

$$P(A_n) \leqslant 2P\{W(t) \geqslant x'\}.$$

A_n 随着 n 递增, 记其极限为 A. 我们有 $\left\{ \sup\limits_{0 \leqslant s \leqslant t} W(s) \geqslant x \right\} \subset A$. 因此

$$P\left\{ \sup_{0 \leqslant s \leqslant t} W(s) \geqslant x \right\} \leqslant 2P\{W(t) \geqslant x'\}.$$

令 $x' \uparrow x$, 第一个不等式得证.

11.1b 对任意的 $x > 0$,

$$P\left\{ \sup_{0 \leqslant t \leqslant 1} W(t) \leqslant x \right\} = \frac{2}{\sqrt{2\pi}} \int_0^x e^{-u^2/2} du;$$

$$\frac{4}{\pi}\left(e^{-\pi^2/8x^2} - \frac{1}{3}e^{-9\pi^2/8x^2} \right) \leqslant P\left\{ \sup_{0 \leqslant t \leqslant 1} |W(t)| \leqslant x \right\} \leqslant \frac{4}{\pi}e^{-\pi^2/8x^2}.$$

证明 令 $\{X_n, n \geqslant 1\}$ 为一 Bernoulli 序列, 即对每个 n, $P(X_n = 1) = P(X_n = -1) = 1/2$. 令

$$S_0 = 0, \quad S_n = \sum_{j=1}^n X_j, \quad m_n = \min_{0 \leqslant j \leqslant n} S_j, \quad M_n = \max_{0 \leqslant j \leqslant n} S_j;$$

$$m = \inf_{0 \leqslant t \leqslant 1} W(t), \quad M = \sup_{0 \leqslant t \leqslant 1} W(t).$$

那么, 根据 Donsker 定理以及映射定理 (参见 Billingsley 1999),

$$\frac{1}{\sqrt{n}}(m_n, M_n, S_n) \Rightarrow (m, M, W(1)), \tag{88}$$

其中 "$\Rightarrow$" 表示 "概率测度弱收敛". 记 $p_n(j) = P(S_n = j)$. 我们首先证明

$$p_n(a, b, v) \equiv P\{a < m_n \leqslant M_n < b, S_n = v\}$$

$$= \sum_{k=-\infty}^{\infty} p_n(v + 2k(b-a)) - \sum_{k=-\infty}^{\infty} p_n(2b - v + 2k(b-a)) \tag{89}$$

对满足

$$a \leqslant 0 \leqslant b, \quad a < b, \quad a \leqslant v \leqslant b \tag{90}$$

的整数 a, b 和 v 成立.

对特定的值 n, a, b, v, 用 $[n, a, b, v]$ 表示等式 (89). 我们用对 n 的归纳法来证明 $[n, a, b, v]$. 对 $n = 1$, 直接的计算即可验证. 假设对满足 (90) 的 a, b 和 v, $[n-1, a, b, v]$ 成立. 若 $a = 0$, 则 $p_n(a, b, v) = 0$ (注意到 $m_n \leqslant 0$), 而 (89)

右边的两个和被抵消, 这是因为 $p_n(j) = p_n(-j)$. 因此 $[n, a, b, v]$ 是正确的. 我们可以用同样的方法讨论 $b = 0$ 的情形. 考虑 $a < 0 < b$ 和 $a \leqslant v \leqslant b$ 的情形, 这时 $a + 1 \leqslant 0$ 且 $b - 1 \geqslant 0$, 因此 $[n-1, a-1, b-1, v-1]$ 和 $[n-1, a+1, b+1, v+1]$ 在归纳假设下都是成立的. $[n, a, b, v]$ 可由概率递归式

$$p_n(j) = \frac{1}{2}p_{n-1}(j-1) + \frac{1}{2}p_{n-1}(j+1)$$

和

$$p_n(a, b, v) = \frac{1}{2}p_{n-1}(a-1, b-1, v-1) + \frac{1}{2}p_{n-1}(a+1, b+1, v+1)$$

得到. 这样就证明了 (89), 关于 v 求和就得到对 $a \leqslant 0 \leqslant b$, $a \leqslant u < v \leqslant b$,

$$P\{a < m_n \leqslant M_n < b, u < S_n < v\}$$
$$= \sum_{k=-\infty}^{\infty} P\{u + 2k(b-a) < S_n < v + 2k(b-a)\}$$
$$- \sum_{k=-\infty}^{\infty} P\{2b - v + 2k(b-a) < S_n < 2b - u + 2k(b-a)\}.$$

取 $u = a$, $v = b$ 且分别用整数 $[a\sqrt{n}]$, $[b\sqrt{n}]$ 来代替 a, b. 先令 $a \to -\infty$, $b = x$, 然后令 $n \to \infty$, 由 (88) 及关于求和号与极限号可交换的 Scheffé 定理, 我们得到

$$P\{0 \leqslant M < b\} = 2P\{0 \leqslant N(0, 1) < b\}.$$

这就证明了第一个等式. 下面, 令 $-a = b = x$ 并令 $n \to \infty$, 再次利用 (88) 我们得到

$$P\{-x < m \leqslant M < x\} = \sum_{k=-\infty}^{\infty} (-1)^k P\{(2k-1)x < N(0,1) < (2k+1)x\}.$$

构造一周期为 2α 的函数 $h(t)$ 如下:

$$h(t) = \begin{cases} 1, & \text{若 } 0 < t < \alpha/2, \\ -1, & \text{若 } \alpha/2 < t < \alpha; \end{cases}$$

$$h(t) = h(-t); \qquad h(t) = h(t + 2\alpha).$$

不难验证

$$h(t) = \frac{4}{\pi} \sum_{k=0}^{\infty} \frac{(-1)^k}{2k+1} \cos\left(\frac{2k+1}{\alpha}\pi t\right).$$

取 α 为 $2x$, 因为

$$\frac{1}{\sqrt{2\pi}} \int_{-\infty}^{\infty} e^{-t^2/2} \cos\beta t dt = e^{-\beta^2/2},$$

所以我们有

$$\begin{aligned}
P\left\{ \sup_{0 \leqslant t \leqslant 1} |W(t)| < x \right\} &= \frac{1}{\sqrt{2\pi}} \sum_{k=-\infty}^{\infty} (-1)^k \int_{(2k-1)x}^{(2k+1)x} e^{-t^2/2} dt \\
&= \frac{1}{\sqrt{2\pi}} \int_{-\infty}^{\infty} h(t) e^{-t^2/2} dt \\
&= \frac{4}{\pi} \sum_{k=0}^{\infty} \frac{(-1)^k}{2k+1} \frac{1}{\sqrt{2\pi}} \int_{-\infty}^{\infty} e^{-t^2/2} \cos\left(\frac{(2k+1)\pi}{2x} t\right) dt \\
&= \frac{4}{\pi} \sum_{k=0}^{\infty} \frac{(-1)^k}{2k+1} \exp\left\{ -\frac{(2k+1)^2 \pi^2}{8x^2} \right\}.
\end{aligned}$$

取 $k = 0$ 得到待证的上界, 取 $k = 0$ 和 1 得到待证的下界.

注　上面证明中得到的关于 $P\left\{ \sup\limits_{0 \leqslant t \leqslant 1} |W(t)| < x \right\}$ 的级数展开式是一个很有用的结论.

11.1c(Csörgő 和 Révész)　对任意的 $0 < \varepsilon < 1$, 存在常数 $C = C(\varepsilon) > 0$ 使得对任意的 $0 < a < T$ 和 $x > 0$,

$$P\left\{ \sup_{0 \leqslant t \leqslant T-a} \sup_{0 \leqslant s \leqslant a} |W(t+s) - W(t)| \geqslant x a^{1/2} \right\} \leqslant CTa^{-1} \exp\{-x^2/(2+\varepsilon)\}.$$

证明　令 $r = r(\varepsilon)$ 为将在后面指定的正常数. 记 $R = a/2^r$, $t_r = [t/R]/R$. 我们有

$$\begin{aligned}
|W(t+s) - W(t)| &\leqslant |W((t+s)_r) - W(t_r)| \\
&\quad + \sum_{j=0}^{\infty} |W((t+s)_{r+j+1}) - W((t+s)_{r+j})| \\
&\quad + \sum_{j=0}^{\infty} |W(t_{r+j+1}) - W(t_{r+j})|.
\end{aligned}$$

选取 $r = r(\varepsilon)$ 足够大，我们得到

$$P\left\{\sup_{0\leqslant t\leqslant T-a}\sup_{0\leqslant s\leqslant a}|W((t+s)_r)-W(t_r)|\geqslant x\left(1-\frac{\varepsilon}{6}\right)a^{1/2}\right\}$$

$$\leqslant\frac{2Ta}{R^2}\exp\left\{-\frac{x^2}{2+\varepsilon}\right\}\leqslant c_1\frac{T}{a}\exp\left\{-\frac{x^2}{2+\varepsilon}\right\},$$

$$P\left\{\sup_{0\leqslant t\leqslant T-a}\sup_{0\leqslant s\leqslant a}\sum_{j=0}^{\infty}|W((t+s)_{r+j+1})-W((t+s)_{r+j})|\right.$$

$$\geqslant\sum_{j=0}^{\infty}(a(x^2+6j)/2^{r+j+1})^{1/2}\Bigg\}$$

$$\leqslant\sum_{j=0}^{\infty}P\left\{\sup_{0\leqslant t\leqslant T-a}\sup_{0\leqslant s\leqslant a}|W((t+s)_{r+j+1})-W((t+s)_{r+j})|\right.$$

$$\geqslant(a(x^2+6j)/2^{r+j+1})^{1/2}\Bigg\}.$$

$$\leqslant\sum_{j=0}^{\infty}\frac{2T}{a}2^{2(r+j+1)}\exp\left\{-\frac{x^2+6j}{2}\right\}\leqslant c_2\frac{T}{a}\exp\left\{-\frac{x^2}{2}\right\}.$$

类似地

$$P\left\{\sup_{0\leqslant t\leqslant T-a}\sum_{j=0}^{\infty}|W(t_{r+j+1})-W(t_{r+j})|\geqslant\sum_{j=0}^{\infty}(a(x^2+6j)/2^{r+j+1})^{1/2}\right\}$$

$$\leqslant c_3\frac{T}{a}\exp\left\{-\frac{x^2}{2}\right\},$$

其中 c_1, c_2, c_3 为仅与 ε 有关的正常数. 不失一般性，我们假设 $x\geqslant 1$. 那么只要 $r = r(\varepsilon)$ 足够大，就有

$$\sum_{j=0}^{\infty}\left(\frac{x^2+6j}{2^{r+j+1}}\right)^{1/2}\leqslant\frac{1}{2^{r/2}}\sum_{j=0}^{\infty}\frac{x+(6j)^{1/2}}{2^{(j+1)/2}}\leqslant\frac{\varepsilon}{12}x.$$

结合以上估计，证明完毕.

11.2 (Poisson 过程上确界的概率估计)

令 $\psi(t) = 2h(t+1)/t^2$ 和 $h(t) = t(\log t - 1) + 1$.

11.2a 在 "$+$" 情形下, 对任意 $x > 0$, 或在 "$-$" 情况下, 对 $0 < x \leqslant \sqrt{b}$, 都有

$$P\left\{ \sup_{0 \leqslant t \leqslant b} (N(t) - t)^{\pm}/\sqrt{b} \geqslant x \right\} \leqslant \exp\left\{ -\frac{x^2}{2} \psi\left(\frac{\pm x}{\sqrt{b}} \right) \right\}.$$

证明 对任意的 $r > 0$, $\{\exp(\pm r(N(t) - t)), 0 \leqslant t \leqslant b\}$ 为两个半鞅. 由 Doob 不等式 (即 6.5a) 的连续参数形式, 我们有

$$P\left\{ \sup_{0 \leqslant t \leqslant b} (N(t) - t)^{\pm} \geqslant x \right\}$$

$$= P\left\{ \sup_{0 \leqslant t \leqslant b} \exp(\pm r(N(t) - t)) \geqslant \exp(rx) \right\}$$

$$\leqslant \inf_{r > 0} \exp(-rx) E \exp(\pm r(N(b) - b))$$

$$\leqslant \inf_{r > 0} \exp\{-rx + b(e^{\pm r} - 1) \mp rb\}$$

$$= \begin{cases} \exp\{x - (b+x)\log((b+x)/b)\}, & \text{在情形 "}+\text{" 时} \\ \exp\{-x + (b-x)\log(b/(b-x))\}, & \text{在情形 "}-\text{" 时} \end{cases}$$

$$= \exp\left\{ -(x^2/2b)\psi\left(\frac{\pm x}{b} \right) \right\}.$$

用 $x\sqrt{b}$ 代替 x 就得到待证的不等式.

11.2b 对 $t \geqslant 0$, 令 $q(t) \nearrow$ 且 $q(t)/\sqrt{t} \searrow$. 又令 $0 \leqslant a \leqslant (1-\delta)b < b \leqslant \delta < 1$. 那么对 $x > 0$,

$$P\left\{ \sup_{a \leqslant t \leqslant b} (N(t) - t)^{\pm}/q(t) \geqslant x \right\} \leqslant \frac{3}{\delta} \int_a^b \frac{1}{t} \exp\left\{ -(1-\delta)\gamma^{\pm} \frac{x^2}{2} \frac{q^2(t)}{t} \right\} dt,$$

其中 $\gamma^- = 1$ 及 $\gamma^+ = \psi(xq(a)/a)$.

证明 令 $A_n^{\pm} = \left\{ \sup_{a \leqslant t \leqslant b} (N(t) - t)^{\pm}/q(t) \geqslant x \right\}$. 定义 $\theta = 1 - \delta$ 并通过

$$\theta^K < a \leqslant \theta^{K-1} \quad \text{和} \quad \theta^J < b \leqslant \theta^{J-1}$$

定义整数 $0 \leqslant J \leqslant K$. 若 $a = 0$, 则令 $K = \infty$. 对 θ^i 的定义作如下修正: 对 $J \leqslant i < K$, θ^i 表示 θ^i, 但 θ^K 表示 a, θ^{J-1} 表示 b. 因此 (新的 θ^{i-1}) $\leqslant$(新的

$\theta^i)/\theta$ 对所有 $J \leqslant i \leqslant K$ 都正确. 因为 q 是 $\nearrow$, 所以我们有

$$P(A_n^{\pm}) \leqslant P\left\{\max_{J \leqslant i \leqslant K} \sup_{\theta^i \leqslant t \leqslant \theta^{i-1}} (N(t)-t)^{\pm}/q(t) \geqslant x\right\}$$

$$\leqslant P\left\{\max_{J \leqslant i \leqslant K} \sup_{\theta^i \leqslant t \leqslant \theta^{i-1}} (N(t)-t)^{\pm}/q(\theta^i) \geqslant x\right\}$$

$$\leqslant \sum_{i=J}^{K} P\left\{\sup_{0 \leqslant t \leqslant \theta^{i-1}} (N(t)-t)^{\pm}/ \geqslant xq(\theta^i)\right\}.$$

先考虑 A_n^-. 类似于 11.2a 中的证明, 我们有

$$P(A_n^-) \leqslant \sum_{i=J}^{K} \exp\left\{-\frac{x^2 q^2(\theta^i)}{2\theta^{i-1}}\right\}$$

$$\leqslant \sum_{i=J+1}^{K-1} \frac{1}{1-\theta} \int_{\theta^i}^{\theta^{i-1}} \frac{1}{t} \exp\left\{-\frac{x^2 q^2(t)}{2t}\theta\right\} dt$$

$$+ \exp\left\{-\frac{x^2 q^2(a)}{2a}\theta\right\} + \exp\left\{-\frac{x^2 q^2(\theta b)}{2b}\right\}$$

$$\leqslant \frac{3}{\delta} \int_a^b \frac{1}{t} \exp\left\{-(1-\delta)\frac{x^2 q^2(t)}{2t}\right\} dt.$$

对 A_n^+, 应用 11.2a, 与 A_n^- 的情况一样, 我们有

$$P(A_n^+) \leqslant \sum_{i=J}^{K} \exp\left\{-\frac{x^2 q^2(\theta^i)}{2\theta^{i-1}}\psi\left(\frac{xq(\theta^i)}{\theta^{i-1}}\right)\right\}$$

$$\leqslant \sum_{i=J}^{K} \exp\left\{-\frac{x^2 q^2(\theta^i)}{2\theta^{i-1}}\psi\left(\frac{xq(a)}{a}\right)\right\}$$

$$\leqslant \frac{3}{\delta} \int_a^b \frac{1}{t} \exp\left\{-\frac{x^2 q^2(t)}{2t}\theta\psi\left(\frac{xq(a)}{a}\right)\right\} dt,$$

证毕.

11.3 (Fernique 不等式)

令 d 为正整数. $\mathcal{D} = \{\mathbf{t} : \mathbf{t} = (t_1, \cdots, t_d), a_j \leqslant t_j \leqslant b_j, j = 1, \cdots, d\}$, 取通常的 Euclid 范数 $\|\cdot\|$. 令 $\{X(\mathbf{t}), \mathbf{t} \in \mathcal{D}\}$ 为一中心化的 Gauss 过程, 满足

$0 < \Gamma^2 \equiv \sup\limits_{\mathbf{t} \in \mathcal{D}} EX(\mathbf{t})^2 < \infty$ 和

$$E(X(\mathbf{t}) - X(\mathbf{s}))^2 \leqslant \varphi(\parallel \mathbf{t} - \mathbf{s} \parallel),$$

其中 $\varphi(\cdot)$ 为一满足 $\int_0^\infty \varphi(e^{-y^2}) dy < \infty$ 的非降连续函数. 那么对 $\lambda > 0$, $x \geqslant 1$ 以及 $A > \sqrt{2d \log 2}$ 我们有

$$P\left\{\sup_{\mathbf{t} \in \mathcal{D}} X(\mathbf{t}) \geqslant x\{\Gamma + 2(\sqrt{2}+1)A \int_1^\infty \varphi(\sqrt{d}\lambda 2^{-y^2}) dy\}\right\}$$

$$\leqslant (2^d + B)\left(\prod_{j=1}^d (\frac{b_j - a_j}{\lambda} + \frac{1}{2})\right) e^{-x^2/2},$$

其中 $B = \sum_{n=1}^\infty \exp\{-2^{n-1}(A^2 - 2d \log 2)\}$.

证明 令 $\varepsilon_n = \lambda 2^{-2^n}$, $n = 0, 1, \cdots$. 对 $\mathbf{k} = (k_1, \cdots, k_d)$, 其中 $k_i = 0, 1, \cdots, k_{in} \equiv [(b_i - a_i)/\varepsilon_n]$, $i = 1, \cdots, d$, 在 $\mathcal{D}$ 中定义 $\mathbf{t_k}^{(n)} = (t_{1k_1}^{(n)}, \cdots, t_{dk_d}^{(n)})$, 其中

$$t_{ik_i}^{(n)} = a_i + k_i \varepsilon_n, \quad i = 1, \cdots, d.$$

令

$$T_n = \{\mathbf{t_k}^{(n)}, \mathbf{k} = \mathbf{0}, \cdots, \mathbf{k}_n = (k_{1n}, \cdots, k_{dn})\},$$

它包含了 $N_n \equiv \prod_{i=1}^d k_{in}$ 个点, $N_n \leqslant \prod_{i=1}^d \{(2^{2^n}(b_i - a_i)/\lambda) + 1\}$. 集合 $\bigcup_{n=0}^\infty T_n$ 在 $\mathcal{D}$ 中是稠密的且 $T_n \subset T_{n+1}$. 对 $j \geqslant 1$, 记 $x_j = xA\varphi(\sqrt{d}\varepsilon_{j-1})2^{j/2}$ 和 $g_j = 2^{(j-1)/2}$. 那么

$$\sum_{j=1}^\infty x_j = xA \sum_{j=1}^\infty \varphi(\sqrt{d}\lambda 2^{-2^{j-1}}) 2^{j/2}$$

$$= xA \sum_{j=1}^\infty \varphi(\sqrt{d}\lambda 2^{-g_j^2})(2\sqrt{2}+2)(g_j - g_{j-1})$$

$$\leqslant 2(\sqrt{2}+1)xA \sum_{j=1}^\infty \int_{g_{j-1}}^{g_j} \varphi(\sqrt{d}\lambda 2^{-y^2}) dy$$

$$\leqslant 2(\sqrt{2}+1)xA \int_1^\infty \varphi(\sqrt{d}\lambda 2^{-y^2}) dy.$$

因此我们有

$$P\left\{\sup_{\mathbf{t}\in\mathcal{D}}X(\mathbf{t})\geqslant x\left(\Gamma+2(\sqrt{2}+1)A\int_1^\infty\varphi(\sqrt{d}\lambda 2^{-y^2})dy\right)\right\}$$

$$\leqslant P\left\{\sup_{n\geqslant 0}\sup_{\mathbf{t}\in T_n}X(\mathbf{t})\geqslant x\Gamma+\sum_{j=1}^\infty x_j\right\}$$

$$=\lim_{n\to\infty}P\left\{\sup_{\mathbf{t}\in T_n}X(\mathbf{t})\geqslant x\Gamma+\sum_{j=1}^n x_j\right\}.$$

记

$$B_0=\left\{\sup_{\mathbf{t}\in T_0}X(\mathbf{t})\geqslant x\Gamma\right\},\quad B_n=\left\{\sup_{\mathbf{t}\in T_n}X(\mathbf{t})\geqslant\sum_{j=1}^n x_j\right\},$$

$$A_n=\left\{\sup_{\mathbf{t}\in T_n}X(\mathbf{t})\geqslant x\Gamma+\sum_{j=1}^n x_j\right\},\quad n\geqslant 1.$$

我们有

$$P(A_n)\leqslant P(B_{n-1})+P(A_nB_{n-1}^c)$$
$$\leqslant P(B_{n-1})+P(B_nB_{n-1}^c)$$
$$\leqslant P(B_0)+\sum_{j=1}^\infty P(B_jB_{j-1}^c),$$

其中

$$P(B_jB_{j-1}^c)=P\left\{\bigcup_{\mathbf{t}\in T_j}(X(\mathbf{t})\geqslant\sum_{k=1}^j x_k)\bigcap\bigcap_{\mathbf{s}\in T_{j-1}}(X(\mathbf{s})<\sum_{k=1}^{j-1}x_k)\right\}$$

$$\leqslant P\left\{\bigcup_{\substack{\mathbf{t}\in T_j-T_{j-1}}}\bigcup_{\substack{\mathbf{s}\in T_{j-1}\\\|\mathbf{t}-\mathbf{s}\|\leqslant\sqrt{d}\varepsilon_{j-1}}}(X(\mathbf{t})-X(\mathbf{s})\geqslant x_j)\right\}$$

$$\leqslant\sum_{\substack{\mathbf{t}\in T_j-T_{j-1}}}\sum_{\substack{\mathbf{s}\in T_{j-1}\\\|\mathbf{t}-\mathbf{s}\|\leqslant\sqrt{d}\varepsilon_{j-1}}}P\{X(\mathbf{t})-X(\mathbf{s})\geqslant x_j\}.$$

注意到对任意的 $\mathbf{t} \in T_j - T_{j-1}$, 在集合 $\{\mathbf{s} \in T_{j-1}: \|\mathbf{t}-\mathbf{s}\| \leqslant \sqrt{d}\varepsilon_{j-1}\}$ 中只存在唯一的一点 $\mathbf{s}$ 使得

$$E(X(\mathbf{t}) - X(\mathbf{s}))^2 \leqslant \varphi^2(\|\mathbf{t}-\mathbf{s}\|) \leqslant \varphi^2(\sqrt{d}\varepsilon_{j-1}).$$

我们有

$$P(B_j B_{j-1}^c)$$

$$\leqslant \sum_{\substack{\mathbf{t} \in T_j - T_{j-1}}} \sum_{\substack{\mathbf{s} \in T_{j-1} \\ \|\mathbf{t}-\mathbf{s}\| \leqslant \sqrt{d}\varepsilon_{j-1}}} P\left\{ N(0,1) \geqslant \frac{x_j}{\varphi(\sqrt{d}\varepsilon_{j-1})} \right\}$$

$$\leqslant \prod_{i=1}^{d} \left(2^{2^j} \frac{b_i - a_i}{\lambda} + 1 \right) P\{N(0,1) \geqslant Ax2^{j/2}\}$$

$$\leqslant 2^{2^j d} \prod_{i=1}^{d} \left(\frac{b_i - a_i}{\lambda} + \frac{1}{2} \right) \frac{1}{2\sqrt{\pi}} e^{-A^2 x^2 2^{j-1}}$$

$$= \frac{1}{2\sqrt{\pi}} \prod_{i=1}^{d} \left(\frac{b_i - a_i}{\lambda} + \frac{1}{2} \right) \exp\{2^j d \log 2 - (2^{j-1}A^2 - 1/2)x^2\} e^{-x^2/2}$$

$$< d^{-2^j((A^2/2) - d\log 2)} \prod_{i=1}^{d} \left(\frac{b_i - a_i}{\lambda} + \frac{1}{2} \right) e^{-x^2/2}.$$

注意到 $A > \sqrt{2d\log 2}$, 我们得到

$$\sum_{j=1}^{\infty} P(B_j B_{j-1}^c) \leqslant B \prod_{i=1}^{d} \left(\frac{b_i - a_i}{\lambda} \vee 1 \right) e^{-x^2/2}.$$

另一方面

$$P(B_0) = P\{\sup_{\mathbf{t} \in T_0} X(\mathbf{t}) \geqslant x\Gamma\}$$

$$\leqslant 2^d \prod_{i=1}^{d} \left(\frac{b_i - a_i}{\lambda} + \frac{1}{2} \right) P(N(0,1) \geqslant x)$$

$$< 2^d \prod_{i=1}^{d} \left(\frac{b_i - a_i}{\lambda} + \frac{1}{2} \right) e^{-x^2/2}.$$

因此

$$P(A_n) \leqslant (2^d + B) \prod_{i=1}^{d} \left(\frac{b_i - a_i}{\lambda} + \frac{1}{2} \right) e^{-x^2/2}.$$

这样就证明了待证的不等式.

11.4 (Borell 不等式)

设 $\{X(t), t \in T\}$ 为零均值可分 Gauss 过程, 样本轨道几乎处处有界. 记 $\|X\| = \sup_{t \in T} |X(t)|$. 则对任意的 $x > 0$,

$$P\{\|X\| - E\|X\| > x\} \leqslant 2\exp\{-x^2/(2\sigma_T^2)\},$$

其中 $\sigma_T^2 = \sup_{t \in T} EX(t)^2$.

注 上述不等式中的 Gauss 过程可以用一个取值于 Banach 空间的 Gauss 变量代替. 不等式中的 $E\|X\|$ 也可以用 $\|X\|$ 的中位数代替. 若用 $\|X\|$ 的中位数代替数学期望, 则 Borell 不等式可由等周不等式 (即 11.7) 得到 (参见 (Ledoux 和 Talagrand 1991)). 在 $T = [0, h]$ 情形, 有下述精确的大偏差结果.

11.5

设 $\{X(t), t \in T\}$ 为零均值可分 Gauss 过程, $EX^2(t) = 1$, $t \geqslant 0$,

$$\Gamma(s, t) := \mathrm{Cov}(X(s), X(t)) = 1 - C_0|s - t|^\alpha + o(|s - t|^\alpha). \quad |s - t| \to 0,$$

其中 $0 < \alpha \leqslant 2$, $C_0 > 0$. 则对任意的 $h > 0$

$$\lim_{x \to \infty} \frac{P\{\max_{t \in [0,h]} X(t) > x\}}{x^{2/\alpha}(1 - \Phi(x))} = hC_0^{1/\alpha}H_\alpha,$$

其中 $H_\alpha = \lim_{T \to \infty} \int_0^\infty e^s P\{\sup_{0 \leqslant t \leqslant T} Y(t) > s\} ds/T > 0$, $Y(t)$ 是一个 Gauss 过程, 具有均值 $EY(t) = -|t|^\alpha$ 和协方差函数 $\mathrm{Cov}(Y(s), Y(t)) = -|s - t|^\alpha + |s|^\alpha + |t|^\alpha$.

注 这一结果由 Pickands (1969a, b) 得到, Qualls 和 Watanabe (1972) 将它推广到 R^k 的情形. 可证 $H_1 = 1$, $H_2 = 1/\sqrt{\pi}$. 邵启满 (Shao 1996) 给出了 H_α 的上下界估计.

11.6

对 $-\infty < a < b < \infty$, 令 $T = [a,b]$ 或 $[a,\infty)\cdot D$ 表示所有右连续左极限存在的 T 上的函数的集合. $\mathcal{D}$ 表示由 D 的有限维子集所产生的 σ 代数. 记 $\{X_i(t), t \in T\}$, $i = 1, \cdots, n$, 为 $(D, \mathcal{D})$ 上的独立随机过程并且与 i.i.d. 的 Rademacher r.v. $\varepsilon_1, \cdots, \varepsilon_n$ 相互独立. 那么对任意的 $x > 0$,

$$P\left\{\max_{1\leqslant k\leqslant n}\sup_{t\in T}\left|\sum_{j=1}^{k}\varepsilon_j X_j(t)\right| > x\right\} \leqslant 2P\left\{\sup_{t\in T}\left|\sum_{j=1}^{n}\varepsilon_j X_j(t)\right| > x\right\}.$$

证明 不失一般性, 我们假设 $a = 0$, $0 < b \leqslant \infty$. 令 $S_0(t) \equiv 0$, $S_k(t) = \sum_{j=1}^{k}\varepsilon_j X_j(t)$ 以及 $K_m = \{j/2^m : 0 \leqslant j \leqslant 2^m b\}$. 记

$$A_k = \left\{\max_{0\leqslant j<k}\sup_{t\in T}S_j^+(t) \leqslant x < \sup_{t\in T}S_k^+(t)\right\},$$
$$A_{km} = \left\{\max_{0\leqslant j<k}\sup_{t\in T}S_j^+(t) \leqslant x < \sup_{t\in K_m}S_k^+(t)\right\},$$
$$J_{km} = \min\{j : S_k(j/2^m) > x\}, \qquad k = 1, \cdots, n.$$

此外, 令 $K = \bigcup_{m=1}^{\infty}K_m$, 它在 T 中是可数稠密的. 对所有的 $f \in D$, 当 $m \to \infty$ 时, $\sup_{t\in K_m}|f(t)| \to \sup_{t\in T}|f(t)|$. 虽然对 $\sup_{t\in T}f(t)$, 可能不存在 $\tau \in T$, 使得 $\sup_{t\in T}f(t)$ 等于 $f(\tau)$ (它可以与某个 $f(\tau_-)$ 相等), 但存在 $\tau \in K_m$, 使得 $\sup_{t\in K_m}f(t)$ 等于 $f(\tau)$. 注意到 S_k 的对称性, 我们有

$$p\left\{\sup_{t\in T}S_n^+(t) > x\right\} \geqslant \sum_{k=1}^{n}P\left\{A_k\bigcap\left(\sup_{t\in T}S_n^+(t) > x\right)\right\}$$
$$= \sum_{k=1}^{n}\lim_{m\to\infty}P\left\{A_{km}\bigcap\left(\sup_{t\in K_m}S_n^+(t) > x\right)\right\}$$
$$= \sum_{k=1}^{n}\lim_{m\to\infty}\sum_{j=0}^{b2^m}P\left\{A_{km}\bigcap(\sup_{t\in K_m}S_n^+(t) > x)\bigcap(J_{km} = j)\right\}$$
$$\geqslant \sum_{k=1}^{n}\lim_{m\to\infty}\sum_{j=0}^{b2^m}P\left\{A_{km}\bigcap(S_n(j/2^m)\right.$$
$$\geqslant S_k(j/2^m))\bigcap(J_{km} = j)\Big\}$$

$$= \sum_{k=1}^{n} \lim_{m \to \infty} \sum_{j=0}^{b2^m} P\left\{A_{km} \bigcap (J_{km} = j)\right\} P\{S_n(j/2^m)$$

$$-S_k(j/2^m) \geqslant 0\}$$

$$\geqslant \frac{1}{2} \sum_{k=1}^{n} \lim_{m \to \infty} \sum_{j=0}^{b2^m} P\left\{A_{km} \bigcap (J_{km} = j)\right\}$$

$$= \frac{1}{2} \sum_{k=1}^{n} \lim_{m \to \infty} P(A_{km}) = \frac{1}{2} \sum_{k=1}^{n} P(A_k)$$

$$= \frac{1}{2} P\left\{ \max_{1 \leqslant k \leqslant n} \sup_{t \in T} S_k^+(t) > x \right\}.$$

对 S_n^- 我们可得相同的结论. 不等式证毕.

令 $(\Omega, \mathcal{F}, P)$ 为概率空间, $\mathcal{F} = \{\mathcal{F}_t \subset \mathcal{F} : t \geqslant 0\}$ 为一族对任意的 $s < t$ 都满足 $\mathcal{F}_s \subset \mathcal{F}_t$ 的 σ 代数. 随机过程 $X = \{X(t), t \geqslant 0\}$ 称为 $\mathcal{F}$ 适应的, 若对所有 $t \geqslant 0$, $X(t)$ 是 $\mathcal{F}_t$ 可测的. 过程 X 称为可预报的, 若对于由 $(0, \infty)$ 上左连续的适应过程的集合产生的 $(0, \infty) \times \Omega$ 上的 σ 代数可测. 过程 X 称为局部地具有某性质, 若存在一个局部化的停时序列 $\{T_k : k \geqslant 1\}$, 使得当 $k \to \infty$ 时, $T_k \to \infty$ a.s. 且过程 $X(\cdot \wedge T_k)$ 对每个 $k \geqslant 1$ 具有该性质. 停时 T 称为可预报的, 若 $I(T \leqslant t)$ 是一个可预报过程.

(下或上) 鞅的定义 (参看第 6 节) 扩展到连续参数情形是直接的. 下面的不等式是 Doob 不等式 (即 6.5a) 的推广.

11.7 (Lenglart)

假设 X 为具有右连续样本轨道的非负适应过程, 而 Y 为具有 $\nearrow$ 右连续样本轨道的适应过程, 且 $Y(0) = 0$ a.s. 又设 X 被 Y 所控制, 即对一切停时 T, $EX(T) \leqslant EY(T)$.

(i) 若 Y 是可预报的, 则对任意的 $x > 0$, $y > 0$ 和一切停时 T,

$$P\left\{ \sup_{0 \leqslant t \leqslant T} |X(t)| \geqslant x \right\} \leqslant \frac{1}{x} E(Y(T) \wedge y) + P\{Y(T) \geqslant y\}.$$

(ii) 若 $\sup\limits_{t > 0} |Y(t) - Y(t-)| < a$, 则对任意的 $x > 0$, $y > 0$ 和一切停时 T,

$$P\left\{ \sup_{0 \leqslant t \leqslant T} |X(t)| \geqslant x \right\} \leqslant \frac{1}{x} E(Y(T) \wedge (y+a)) + P\{Y(T) \geqslant y\}.$$

证明 我们首先证明

$$P\Big\{\sup_{0\leqslant t\leqslant T}|X(t)|\geqslant x\Big\}\leqslant\frac{1}{x}EY(T). \tag{91}$$

令 $S=\inf\{s\leqslant T\wedge n:X(s)\geqslant x\}$，若这里的集合为空集，则令 $S=T\wedge n$. 因此 S 为一停时且 $S\leqslant T\wedge n$. 我们有

$$
\begin{aligned}
EY(T)\geqslant EY(S)&\geqslant EX(S)\\
&\geqslant EX(S)I\Big(\sup_{0\leqslant t\leqslant T\wedge n}X(t)\geqslant x\Big)\\
&\geqslant xP\Big\{\sup_{0\leqslant t\leqslant T\wedge n}X(t)\geqslant x\Big\}.
\end{aligned}
$$

令 $n\to\infty$ 就得到 (91).

记 $X_t^*=\sup_{0\leqslant s\leqslant t}X(s)$. 为证明 (i), 我们先来证明对 $x>0$, $y>0$, 以及所有的可预报的停时 S,

$$P\{X_{S-}^*\geqslant x\}\leqslant\frac{1}{x}E\{Y(S-)\wedge y\}+P\{Y(S-)\geqslant y\}. \tag{92}$$

将 (92) 应用到 $X^T\equiv X(\cdot\wedge T)$ 和 $Y^T\equiv Y(\cdot\wedge T)$(可预报停时 $S\equiv\infty$) 就可得到 (i).

令 $R=\inf\{t:Y(t)\geqslant y\}$. 那么根据 Y 的右连续性, $R>0$, 而且由 Y 的可预报性, R 也是可预报的. 这样 $R\wedge S$ 为可预报的并且存在停时序列 S_n, 满足 $S_n<R\wedge S$, $S_n\to R\wedge S$ 且 $\{X_{(R\wedge S)-}^*\geqslant x\}\subset\liminf_{n\to\infty}\{X_{S_n}^*\geqslant x-\varepsilon\}$,

$$
\begin{aligned}
P\{X_{S-}^*\geqslant x\}&=P\{Y(S-)<y,X_{S-}^*\geqslant x\}+P\{Y(S-)\geqslant y,X_{S-}^*\geqslant x\}\\
&\leqslant P\{I(Y(S-)<y)X_{S-}^*\geqslant x\}+P\{Y(S-)\geqslant y\}\\
&\leqslant P\{X_{(R\wedge S)-}^*\geqslant x\}+P\{Y(S-)\geqslant y\}\\
&\leqslant\liminf_{n\to\infty}P\{X_{S_n}^*\geqslant x-\varepsilon\}+P\{Y(S-)\geqslant y\}\\
&\leqslant\frac{1}{x-\varepsilon}\liminf_{n\to\infty}EY_{S_n}+P\{Y(S-)\geqslant y\}\\
&=\frac{1}{x-\varepsilon}EY((R\wedge S)-)+P\{Y(S-)\geqslant y\}\\
&\leqslant\frac{1}{x-\varepsilon}E(Y(S-)\wedge y)+P\{Y(S-)\geqslant y\}.
\end{aligned}
$$

令 $\varepsilon\downarrow0$ 得到 (92), 这也就证明了 (i). (ii) 的证明是类似的.

11.8 (Birnbaum 和 Marshall)

令 $(|S_t|, \mathcal{F}_t)$, $0 \leqslant t \leqslant b$, 为样本轨道是右 (或左) 连续的下鞅. 假设 $S(0) = 0$ 且在 $[0,b]$ 上 $\nu(t) \equiv ES^2(t) < \infty$. 令 $q > 0$ 为 $[0,b]$ 上 $\nearrow$ 右 (或左) 连续的函数. 那么

$$P\left\{ \sup_{0 \leqslant t \leqslant b} |S(t)|/q(t) \geqslant 1 \right\} \leqslant \int_0^b (q(t))^{-2} d\nu(t).$$

证明 由样本轨道的右 (左) 连续性以及 $S(0) = 0$, 利用 6.6c, 我们有

$$P\left\{ \sup_{0 \leqslant t \leqslant b} |S(t)|/q(t) \leqslant 1 \right\}$$

$$= P\left\{ \max_{0 \leqslant j \leqslant 2^n} |S(bj/2^n)|/q(bj/2^n) \leqslant 1 \quad \text{对一切} \quad n \geqslant 1 \right\}$$

$$= \lim_{n \to \infty} P\left\{ \max_{0 \leqslant j \leqslant 2^n} |S(bj/2^n)|/q(bj/2^n) \leqslant 1 \right\}$$

$$\geqslant \lim_{n \to \infty} \left\{ 1 - \sum_{j=1}^{2^n} (E(S^2(bj/2^n) - S^2(b(j-1)/2^n))/q^2(bj/2^n)) \right\}$$

$$= 1 - \lim_{n \to \infty} \sum_{j=1}^{2^n} \frac{1}{q^2(bj/2^n)} \{\nu(bj/2^n) - \nu(b(j-1)/2^n)\}$$

$$= 1 - \int_0^b (q(t))^{-2} d\nu(t),$$

其中收敛性由单调收敛定理得到. 事实上我们只需要 S 是可分的并且 q 是 $\nearrow$.

我们将用 γ_N 表示在 R^N 上的标准 Gauss 测度, 它是密度为

$$(2\pi)^{-N/2} \exp(-|x|^2/2)$$

的 R^N 上的概率测度, $\Phi(x)$ 表示 R^1 上 $N(0,1)$ 的分布函数. S^{N-1} 表示 R^N 上的 Euclid 单位球, 具有测地距离 ρ 和正则 Haar 测度 σ_{N-1}.

令 B 为 Banach 空间, B 上全体连续线性泛函生成的对偶空间记作 B'. 范数 $\|\cdot\|$ 定义如下, 对 B' 的单位球的某可数子集 D, B 中的 x 的范数定义为 $\|x\| = \sup_{f \in D} |f(x)|$. 我们说 X 为 B 中的 Gauss r.v., 若对每个 D 中的 f, $f(X)$ 是可测的, 而且对每个有限的线性组合 $\sum_i \alpha_i f_i(X)$ ($\alpha_i \in R^1$, $f_i \in D$) 是 Gauss 的. 令 $M = M(X)$ 为 $\|X\|$ 的中位数. 对 $f \in D$, 称 $Ef^2(X)$ 为弱方差. B 值 r.v. 序列 $\{X_n, n \geqslant 1\}$ 被称为是对称序列, 若对每一种符号 ± 1

的选取，$\{\pm X_n, n \geqslant 1\}$ 和 $\{X_n, n \geqslant 1\}$ 有相同的分布 (即对每个 n, 在 B^n 中 $(X_1, \cdots, X_n)$ 和 $(\pm X_1, \cdots, \pm X_n)$ 有相同的分布).

大多数关于实值 r.v. 的不等式，比如对称不等式，Lévy 不等式，Jensen 不等式，Ottaviani 不等式，Hoffmann-Jørgensen 不等式，Khintchine 不等式等，都能推广到 B 值 r.v. 的情形.

我们不加证明地叙述下列重要的不等式. 细节可以在 (Ledoux 和 Talagrand 1991) 等文献中找到.

11.9

设 $X_1, \cdots, X_n$ 是独立 B 值 r.v. 对某个 $p > 2, E\|X_j\|^p < \infty, j = 1, \cdots, n$. 那么存在常数 $C = C(p)$, 对任意的 $t > 0$, 有

$$P\left\{\left\|\sum_{j=1}^n X_j\right\| \geqslant t + 37p^2 E\left\|\sum_{j=1}^n X_j\right\|\right\} \leqslant 16\exp\{-t^2/144\Lambda_n\} + C\sum_{j=1}^n E\|X_j\|^p/t^p,$$

其中 $\Lambda_n = \sup_{|f| \leqslant 1}\{\sum_{j=1}^n Ef^2(X_j)\}$.

证明见 Einmahl (1993).

11.10 (等周不等式)

11.10a(在球上) 设 A 是 S^{N-1} 中的 Borel 集合，H 是一个关于测地距离 ρ 的球，与 A 有相同测度，即 $\sigma_{N-1}(H) = \sigma_{N-1}(A)$. 那么对任意的 $r > 0$

$$\sigma_{N-1}(A_r) \geqslant \sigma_{N-1}(H_r),$$

其中 $A_r = \{x \in S^{N-1} : \rho(x, A) < r\}$ 是关于距离 ρ 的 A 的 r 阶邻域. 特别地，若 $\sigma_{N-1}(A) \geqslant 1/2$ (且 $N \geqslant 3$), 那么

$$\sigma_{N-1}(A_r) \geqslant 1 - \left(\frac{\pi}{8}\right)^{1/2}\exp\{-(N-2)r^2/2\}.$$

11.10b(在 Gauss 空间上) 设 A 是 R^N 中的 Borel 集，H 为半空间 $\{x \in R^N; \langle x, u \rangle < \lambda\}$ $(u \in R^N, \lambda \in [-\infty, \infty])$, 和 A 有相同的 Gauss 测度，即 $\gamma_N(H) = \gamma_N(A)$. 那么，对任意的 $r > 0, \gamma_N(A_r) \geqslant \gamma_N(H_r)$, 其中 A_r 的定义与 11.10a 中的相同. 等价地，

$$\Phi^{-1}(\gamma_N(A_r)) \geqslant \Phi^{-1}(\gamma_N(A)) + r.$$

特别地, 若 $\gamma_N(A) \geqslant 1/2$, 则有

$$1 - \gamma_N(A_r) \leqslant 1 - \Phi(r) \leqslant \frac{1}{2}\exp(-r^2/2).$$

注 若以 Z 记全体正整数的集合, 我们可以将 11.7b 的结果推广到无穷维空间 R^Z 上的测度 $\gamma = \gamma_\infty$, 它是一维标准 Gauss 分布的无穷乘积, 由 11.10b 以及圆柱逼近, 我们有

$$\Phi^{-1}(\gamma_*(A_r)) \geqslant \Phi^{-1}(\gamma(A)) + r, \tag{93}$$

其中 γ_* 为内测度, A 是 R^Z 中的 Borel 集, $r > 0, A_r$ 是 A 的 t 阶 Hilbert 邻域, 也即 $A_r = A + rB_2 = \{x = a + rh : a \in A, h \in R^Z, |h| \leqslant 1\}$, 其中 B_2 为 l_2 单位球. 对于实数序列 $x = \{x_n\}$ 的空间, $\| x \| = \left(\sum_{n=1}^\infty x_n^2\right)^{1/2} < \infty$.

11.11 (Ehrhard)

对 R^n 中的任意凸集 A 和 Borel 集 B 以及 $0 \leqslant \lambda \leqslant 1$,

$$\Phi^{-1}(\gamma_N(\lambda A + (1-\lambda)B)) \geqslant \lambda\Phi^{-1}(\gamma_N(A)) + (1-\lambda)\Phi^{-1}(\gamma_N(B)),$$

其中 $\lambda A + (1-\lambda)B = \{\lambda a + (1-\lambda)b : a \in A, b \in B\}$.

证明可参见 Latala (1996).

注 当 A 和 B 都是凸集时, Ehrhard 不等式称为 Brunn-Minkowski 型不等式. 可以证明由 11.11 可以推出 11.10b.

11.12

设 X 为一 B 值 Gauss r.v., 具有中位数 $M = M(X)$ 和弱方差的上确界 $\sigma^2 = \sigma^2(X)$. 那么, 对任意的 $t > 0$, 我们有

$$P\{| \| X \| - M| > t\} \leqslant 2(1 - \Phi(t/\sigma)) \leqslant \exp(-t^2/2\sigma^2)$$

和

$$P\{\| X \| > t\} \leqslant 4\exp\{-t^2/8E \| X \|^2\}.$$

证明 令 $A = \{x \in R^Z : \| x \| \leqslant M\}$. 那么 $\gamma(A) \geqslant 1/2$. 由 (93), 我们有 $\gamma_*(A_t) \geqslant \Phi(t)$. 且若 $x \in A_t$, 则 $x = a + th$, 其中 $a \in A, |h| \leqslant 1$. 注意到

$$\sigma = \sigma(X) = \sup_{f \in D}(Ef^2(X))^{1/2} = \sup_{|h| \leqslant 1} \| h \|,$$

我们有

$$\| x \| \leqslant M + t \| h \| \leqslant M + t\sigma.$$

因此 $A_t \subset \{x: \| x \| \leqslant M + \sigma t\}$. 对 $A = \{x: \| x \| \geqslant M\}$ 运用同样的讨论, 可推出第一个不等式的结论. 由第一个不等式及 $\sigma^2 \leqslant E \| X \|^2$, $M^2 \leqslant 2E \| X \|^2$, 我们可推得第二个不等式.

11.13 (Li)

设 μ 是可分 Banach 空间 E 上的中心化的 Gauss 测度, X 和 Y 是 E 中的两个零均值 Gauss 随机元. 那么对任意的 $0 < \lambda < 1$, E 中的任意两个对称凸集 A 和 B,

$$\mu(A \cap B) \geqslant \mu(\lambda A)\mu((1 - \lambda^2)^{1/2}B),$$

$$P\{X \in A, Y \in B\} \geqslant P\{X \in \lambda A\}P\{Y \in (1 - \lambda^2)^{1/2}B\}.$$

证明 不妨设 $E = R^n$. 令 (X', Y') 是 (X, Y) 的独立复制, 记 $a = (1 - \lambda^2)^{1/2}/\lambda$. 易知 $X - aX'$ 和 $Y + Y'/a$ 不相交, 从而相互独立. 又 $X - aX'$ 与 X/λ 同分布, $Y + Y'/a$ 与 $Y/\sqrt{1 - \lambda^2}$ 同分布. 由 Anderson 不等式 (即 2.3b) 得

$$
\begin{aligned}
P\{X \in A, Y \in B\} &\geqslant P\{(X, Y) + (-aX', Y'/a) \in A \times B\} \\
&= P\{X - aX' \in A, Y + Y'/a \in B\} \\
&= P\{X - aX' \in A\}P\{Y + Y'/a \in B\} \\
&= P\{X \in \lambda A\}P\{Y \in \sqrt{1 - \lambda^2}B\}.
\end{aligned}
$$

11.14

设 X 为 B 中的 Gauss r.v.. 那么 $\| X \|$ 所有的矩都是等价的 (且等价于 $M = M(X)$): 对任意的 $0 < p, q < \infty$, 存在着仅和 p 与 q 有关的常数 K_{pq} 使得

$$(E \| X \|^p)^{1/p} \leqslant K_{pq}(E \| X \|^q)^{1/q}.$$

证明 对 11.12 的第一个不等式积分, 得到

$$E| \| X \| - M|^p = \int_0^\infty P\{| \| X \| - M| > t\}dt^p$$

$$\leqslant \int_0^\infty \exp(-t^2/2\sigma^2)dt^p \leqslant (K\sqrt{p}\sigma)^p,$$

其中 K 为一正常数. 因为 $\sigma \leqslant 2M$ 且对每个 $q > 0$, M 可被 $(2E\parallel X \parallel^q)^{1/q}$ 控制, 所以上面的不等式比我们所要证的不等式更强. 证毕.

11.15 压缩原理

11.15a 设 $f: R_+ \to R_+$ 为凸的, $\{\varepsilon_n, n \geqslant 1\}$ 为 Rademacher 序列. 对 Banach 空间 B 中的任一有限序列 $\{x_n\}$ 和任意的实数序列 $\{\alpha_n\}$ (对每个 n, $|\alpha_n| \leqslant 1$), 我们有

$$Ef\left(\left\|\sum_n \alpha_n \varepsilon_n x_n\right\|\right) \leqslant Ef\left(\left\|\sum_n \varepsilon_n x_n\right\|\right).$$

进一步, 对任意的 $t > 0$, 我们有

$$P\left\{\left\|\sum_n \alpha_n \varepsilon_n x_n\right\| > t\right\} \leqslant 2P\left\{\left\|\sum_n \varepsilon_n x_n\right\| > t\right\}.$$

证明 R^N 上的函数

$$(\alpha_1, \cdots, \alpha_N) \to Ef\left(\left\|\sum_{n=1}^N \alpha_n \varepsilon_n x_n\right\|\right)$$

是凸的. 因此, 在紧凸集 $[-1,1]^N$ 上, 函数在一个极值点上取得最大值, 也即满足 $\alpha_n = \pm 1$, $n = 1, \cdots, N$, 的点 $(\alpha_1, \cdots, \alpha_N)$. 对这样的 α_n 值, 由对称性, 第一个不等式的两边是相等的. 不等式得证.

至于第二个不等式, 通过用 $|\alpha_n|$ 代替 α_n, 由对称性我们可以假设 $\alpha_n \geqslant 0$. 此外, 因为同分布, 我们可假设 $\alpha_1 \geqslant \cdots \geqslant \alpha_N \geqslant \alpha_{N+1} = 0$. 记 $S_n = \sum_{j=1}^n \varepsilon_j x_j$. 那么

$$\sum_{j=1}^N \alpha_j \varepsilon_j x_j = \sum_{n=1}^N \alpha_n(S_n - S_{n-1}) = \sum_{n=1}^N (\alpha_n - \alpha_{n+1})S_n.$$

推得

$$\left\|\sum_{j=1}^N \alpha_j \varepsilon_j x_j\right\| \leqslant \max_{1\leqslant n\leqslant N} \parallel S_n \parallel.$$

由 Lévy 不等式 (即 5.4) 在 Banach 空间情形的推广即得证第二个不等式.

11.15b 设 $f: R_+ \to R_+$ 是凸的, $\{\eta_n\}$ 和 $\{\xi_n\}$ 是两个实值对称的 r.v. 序列, 对某个常数 $K \geqslant 1$ 和每个 n 及 $t > 0$ 满足

$$P\{|\eta_n| > t\} \leqslant KP\{|\xi_n| > t\}.$$

那么, 对 Banach 空间上的任意有限序列 $\{x_n\}$,

$$Ef\left(\left\|\sum_n \eta_n x_n\right\|\right) \leqslant Ef\left(K\left\|\sum_n \xi_n x_n\right\|\right).$$

证明 令 $\{\delta_n\}$ 是和 $\{\eta_n\}$ 独立的 r.v. 序列, 对每个 n, 满足 $P\{\delta_n = 1\} = 1 - P\{\delta_n = 0\} = 1/K$. 那么, 对任意的 $t > 0$,

$$P\{|\delta_n \eta_n| > t\} \leqslant P\{|\xi_n| > t\}.$$

取 d.f. 的反函数, 容易看出可以在一个更大的概率空间上重新构造序列 $\{\delta_n \eta_n\}$ 和 $\{\xi_n\}$, 使得对每个 n,

$$|\delta_n \eta_n| \leqslant |\xi_n| \quad \text{a.s.}$$

由压缩原理 (即 11.15a) 和对称性假设, 我们有

$$Ef\left(\left\|\sum_n \delta_n \eta_n x_n\right\|\right) \leqslant Ef\left(\left\|\sum_n \xi_n x_n\right\|\right).$$

应用 Jensen 不等式 (即 8.5a) 于序列 $\{\delta_n\}$, 并注意到 $E\delta_n = 1/K$, 即得待证的结论.

11.16

令 $f: R_+ \to R_+$ 为凸的, $\{X_n\}$ 为 B 中均值为 0 (即对所有 $g \in D$, $Eg(X_n) = 0$) 的相互独立且有限的 r.v. 序列, 对每个 n, 满足 $Ef(\| X_n \|) < \infty$. 那么

$$Ef\left(\frac{1}{2}\left\|\sum_n \varepsilon_n X_n\right\|\right) \leqslant Ef\left(\left\|\sum_n X_n\right\|\right) \leqslant Ef\left(2\left\|\sum_n \varepsilon_n X_n\right\|\right),$$

其中 $\{\varepsilon_n\}$ 是与 $\{X_n\}$ 独立的 Rademacher 序列.

证明 令 $\{X'_n\}$ 是序列 $\{X_n\}$ 的独立复制且与 $\{\varepsilon_n\}$ 独立. 记 $X_n^s = X_n - X'_n$. 那么, 由 Fubini 定理, Jensen 不等式, 零均值和凸性, 再根据 (8.7) 的注解, 我们有

$$Ef\left(\left\|\sum_n X_n\right\|\right) \leqslant Ef\left(\left\|\sum_n X_n^s\right\|\right) = Ef\left(\left\|\sum_n \varepsilon_n X_n^s\right\|\right) \leqslant Ef\left(2\left\|\sum_n \varepsilon_n X_n\right\|\right).$$

由类似的证明, 又有

$$Ef\left(\frac{1}{2}\left\|\sum_n \varepsilon_n X_n\right\|\right) \leqslant Ef\left(\frac{1}{2}\left\|\sum_n \varepsilon_n X_n^s\right\|\right)$$

$$= Ef\left(\frac{1}{2}\left\|\sum_n X_n^s\right\|\right) \leqslant Ef\left(\left\|\sum_n X_n\right\|\right).$$

不等式证毕.

11.17 (解耦不等式)

设 $\{X_n, n \geqslant 1\}$ 是一实值独立 r.v. 序列, 又设 $\{X_{ln}, n \geqslant 1\}$, $1 \leqslant l \leqslant k$, 是 $\{X_n, n \geqslant 1\}$ 的 k 个独立复制. 再设 $f_{i_1, \cdots, i_k}$ 为 Banach 空间 B 的元, 满足 $f_{i_1, \cdots, i_k} = 0$, 除非 $i_1, \cdots, i_k$ 是不同的. 那么对任意的 $1 \leqslant p \leqslant \infty$, 我们有

$$\left\|\sum_{i_1, \cdots, i_k} f_{i_1, \cdots, i_k} X_{i_1} \cdots X_{i_k}\right\|_p \leqslant (2k+1)^k \left\|\sum_{i_1, \cdots, i_k} f_{i_1, \cdots, i_k} X_{1i_1} \cdots X_{ki_k}\right\|_p,$$

这里利用了如下的记号: 对 B 值随机变量 ξ, 记 $\| \xi \|_p = (E \| \xi \|^p)^{1/p}$.

证明 记 $m_n = EX_n$, $\bar{X}_n = X_n - m_n$, $\bar{X}_{ln} = X_{ln} - m_n$, $l = 1, \cdots, k$, 又记 $\mathbf{X} = \{X_n, n \geqslant 1\}$, $\mathbf{X}_l = \{X_{ln}, n \geqslant 1\}$, $l = 1, \cdots, k$, 且 $\mathcal{X}_j = (\mathbf{X}_1, \cdots, \mathbf{X}_j)$. 首先我们证明: 对 $1 \leqslant r \leqslant k$,

$$\left\|\sum_{i_1, \cdots, i_r} f_{i_1, \cdots, i_r} \bar{X}_{1i_1} \cdots \bar{X}_{ri_r}\right\|_p \leqslant 2^r \left\|\sum_{i_1, \cdots, i_r} f_{i_1, \cdots, i_r} X_{1i_1} \cdots X_{ri_r}\right\|_p. \tag{94}$$

实际上, 根据可交换性,

$$\left\|\sum_{i_1, \cdots, i_r} f_{i_1, \cdots, i_r} \bar{X}_{1i_1} \cdots \bar{X}_{ri_r}\right\|_p$$

$$= \left\| \sum_{i_1,\cdots,i_r} f_{i_1,\cdots,i_r}(X_{1i_1} - m_{i_1})\cdots(X_{ri_r} - m_{i_r}) \right\|_p$$

$$= \left\| \sum_{(\delta_1,\cdots,\delta_r)\in\{0,1\}^r} \sum_{i_1,\cdots,i_r} f_{i_1,\cdots,i_r} X_{1i_1}^{\delta_1} \cdots X_{ri_r}^{\delta_r} m_{i_1}^{1-\delta_1} \cdots m_{i_r}^{1-\delta_r} \right\|_p$$

$$\leqslant \sum_{j=0}^r \binom{r}{j} \left\| \sum_{i_1,\cdots,i_r} f_{i_1,\cdots,i_r} X_{1i_1} \cdots X_{ji_j} m_{i_{j+1}} \cdots m_{i_r} \right\|_p$$

$$= \sum_{j=0}^r \binom{r}{j} \left\| \sum_{i_1,\cdots,i_r} f_{i_1,\cdots,i_r} X_{1i_1} \cdots X_{ji_j} E(X_{j+1,i_{j+1}}|\mathcal{X}_j) \cdots E(X_{r,i_r}|\mathcal{X}_j) \right\|_p$$

$$= \sum_{j=0}^r \binom{r}{j} \left\| E\Big(\sum_{i_1,\cdots,i_r} f_{i_1,\cdots,i_r} X_{1i_1} \cdots X_{ji_j} X_{j+1,i_{j+1}} \cdots X_{r,i_r}|\mathcal{X}_j \Big) \right\|_p$$

$$\leqslant \sum_{j=0}^r \binom{r}{j} \left\| \sum_{i_1,\cdots,i_r} f_{i_1,\cdots,i_r} X_{1i_1} \cdots X_{ji_j} X_{j+1,i_{j+1}} \cdots X_{ri_r} \right\|_p$$

$$= 2^r \left\| \sum_{i_1,\cdots,i_r} f_{i_1,\cdots,i_r} X_{1i_1} \cdots X_{ri_r} \right\|_p.$$

此处用到了 Jensen 不等式.

　　类似地我们有

$$\left\| \sum_{i_1,\cdots,i_k} f_{i_1,\cdots,i_k} X_{i_1} \cdots X_{i_k} \right\|_p$$

$$\leqslant \sum_{r=0}^k \binom{k}{r} \left\| \sum_{i_1,\cdots,i_k} f_{i_1,\cdots,i_k} \bar{X}_{i_1} \cdots \bar{X}_{i_r} m_{i_{r+1}} \cdots m_{i_k} \right\|_p$$

$$= \sum_{r=0}^k \binom{k}{r} \left\| E\Big(\sum_{i_1,\cdots,i_k} f_{i_1,\cdots,i_k} (\bar{X}_{1i_1} + \cdots + \bar{X}_{ri_1}) \cdots \right.$$

$$\left. (\bar{X}_{1i_r} + \cdots + \bar{X}_{ri_r}) m_{i_{r+1}} \cdots m_{i_k}|\mathcal{X}_1 \Big) \right\|_p$$

$$\leqslant \sum_{r=0}^k \binom{k}{r} \left\| \sum_{i_1,\cdots,i_k} f_{i_1,\cdots,i_k} (\bar{X}_{1i_1} + \cdots + \bar{X}_{ri_1}) \cdots \right.$$

$$\left. (\bar{X}_{1i_r} + \cdots + \bar{X}_{ri_r}) m_{i_{r+1}} \cdots m_{i_k} \right\|_p.$$

记 $\mathcal{G}_r = \sigma\left(\sum\limits_{j=1}^{r} X_j\right)$. 上面这个表达式等于

$$\sum_{r=0}^{k} \binom{k}{r} \left\| r^r E\left(\sum_{i_1,\cdots,i_k} f_{i_1,\cdots,i_k}\bar{X}_{1i_1}\cdots\bar{X}_{ri_r}m_{i_{r+1}}\cdots m_{i_k}|\mathcal{G}_r\right) \right\|_p$$

$$\leqslant \sum_{r=0}^{k} \binom{k}{r} \left\| r^r \sum_{i_1,\cdots,i_k} f_{i_1,\cdots,i_k}\bar{X}_{1i_1}\cdots\bar{X}_{ri_r}m_{i_{r+1}}\cdots m_{i_k} \right\|_p$$

$$\leqslant \sum_{r=0}^{k} \binom{k}{r} (2r)^r \left\| \sum_{i_1,\cdots,i_k} f_{i_1,\cdots,i_k}X_{1i_1}\cdots X_{ri_r}m_{i_{r+1}}\cdots m_{i_k} \right\|_p$$

$$= \sum_{r=0}^{k} \binom{k}{r} (2r)^r \left\| E\left(\sum_{i_1,\cdots,i_k} f_{i_1,\cdots,i_k}X_{1i_1}\cdots X_{ri_r}X_{r+1,i_{r+1}}\cdots X_{ki_k}|\mathcal{X}_r\right) \right\|_p$$

$$\leqslant (2k+1)^k \left\| \sum_{i_1,\cdots,i_k} f_{i_1,\cdots,i_k}X_{1i_1}\cdots X_{ki_k} \right\|_p,$$

此处第二个不等式根据的是 (94).

参 考 文 献

Anderson, T. W. 1955. The integral of a symmetric unimodal function over a symmetric convex set and some probability inequalities. Proc. Amer. Math. Soc., 6: 170–176.

Bahadur, R. R., Rao, R. R. 1960. On deviations of the sample mean. Ann. Math. Statist., 31: 1015–1027.

Bai, Z. D. 1993. Convergence rate of expected spectral distributions of large random matrices. part I. Wigner matrices. Ann. Probab., 21: 625–648.

Barbour, A. D., Holst, L., Janson, S. 1992. Poisson Approximation. Oxford: Clarendon Press.

Berman, S. M. 1964. Limit theorems for the maximum term in stationary sequences. Ann. Math. Statist., 35: 502–516.

Bennett, G. 1962. Probabilitiy inequalities for the sum of independent random variables. Ann. Statist. Assoc., 57: 33–45.

Bikelis, A. 1966. Estimates of the remainder term in the central limit theorem. Litovsk. Mat. Sb., 6: 323–346.

Billingsley, P. 1999. Convergence of Probability Measures. 2nd ed. New York: J. Wiley.

Bickel, P. J. 1970. A Hájek-Rényi extension of Lévy inequality and some applications. Acta Math. Acad. Sci. Hungar., 21: 199–206.

Birkel, T. 1988. Momemt bounds for associated sequences. Ann. Probab., 16: 1184–1193.

Birnbaum, Z., Marshall, A. 1961. Some multivariate Chebyshev inequalities with extensions to continuous parameter processes. Ann. Math. Statist., 32: 687–703.

Burkholder, D. L. 1973. The 1971 Wald memorial lectures: Distribution function inequalities for martingales. Ann. Probab., 1: 19–42.

Chatterji, S. D. 1969. An L^p-convergence theorem. Ann. Math. Statist., 40: 1068–1070.

Chernoff, H. 1952. A measure of asymptotic efficiency for tests of a hypothesis based on the sum of observations. Ann. Math. Statist., 23: 493–507.

Choi, Y. K., Lin, Z. Y. 1998. A version of Fernique lemma for Gaussian processes. East Asian Math., 14: 99–106.

Chow, Y. S., Teicher, H. 1997. Probability Theory : Independence, Interchangeability, Martingales. 2nd ed. New York: Springer-Verlag.

Chung, K. L. 1974. A Course in Probability Theory. 2nd ed. New York: Academic Press.

Csáki, Csörgő, M., Shao, Q. M. 1995. Moduli of continuity for l^p-valued Gaussian processes. Acta Sci. Math., 60: 149–175.

Csörgő, M., Révész, P. 1981. Strong Approximations in Probability and Statistics. New York: Academic Press.

de la Peña, V. H., Montgomery-Smith, S. J., Szulga, J. 1994. Contraction and decoupling inequalities for multilinear forms and U-statistics. Ann. Probab., 22: 1745−1765.

Dharmadhikari, S. W., Fabian, V., Jogdeo, K. 1968. Bounds on the moments of martingales. Ann. Math. Statist., 39: 1719−1723.

Doob, J. L. 1953. Stochastic Processes. New York: Wiley.

Efron, B., Stein, C. 1981. The jackknife estimate of variance. Ann. Statist., 3: 586−596.

Einmahl, U. 1993. Toward general law of the iterated logarithm in Banach space. Ann. Probab., 21: 2012−2045.

Esary, J., Proschan, F., Walkup, D. 1967. Association of random variables with application. Ann. Math. Statist., 38: 1466−1474.

Feller, W. 1968. An Introduction to Probability Theory and Its Applications. 3rd ed. New York: Wiley.

Fernique, X. 1964. Continuite des processus Gaussiens. C. R. Acad. Sci. Paris, 258: 6058−6060.

Fuk, D. H., Nagaev, S. V. 1971. Probabilistic inequalities for sums of independent random variables. Theor. Probab. Appl., 16: 643−660.

Freedman, D. A. 1975. On tail probabilities for martingales. Ann. Probab., 3: 100−118.

Gordon, Y. 1985. Some inequalities for Gaussian processes and applications. Israel J. Math., 50: 265−289.

Hájek, J., Rényi, A. 1955. Generalization of an inequality of Kolmogorov. Acta Math. Acad. Sci. Hungar., 6: 281−283.

Hall, P. 1982. Rates of Convergence in the Central Limit Theorem. Boston: Pitman.

Hardy, G. H., Littlewood, J. E., Polya, G. 1952. Inequalities. Cambridge University Press.

Heyde, C. C. 1968. An extension of the Hájek-Rényi inequality for the case without moment condition. J. Appl. Probab., 5: 481−483.

Hill, T. P., Houdré, C. (ed.) 1997. Advances in Stochastic Inequalities, AMS special session on stochastic inequalities and their applications. Contem. Math., 234.

Hoeffding, W. 1963. Probability inequalities for sums of bounded random variables. J. Amer. Statist. Assoc., 58: 13−30.

Hoffmann-Jørgensen, J. 1974. Sums of independent Banach space valued random variables. Studia Math., 52: 159−186.

Jain, N. C., Marcus, M. B. 1974. Integrability of infinite sums of vector-valued random variables. Trans. Amer. Math. Soc., 212: 1−36.

Khatri, C. G. 1967. On certain inequalities for normal distributions and the applications to simultaneous confidence bounds. Ann. Math. Statist., 38: 1853−1867.

Kimball, A. W. 1951. On dependent tests of significance in the analysis of variance. Ann. Math. Statist., 22: 600−602.

Latala, R. 1996. A note on the Ehrhard's inequality. Studia Math., 118: 169−174.

Ledoux, M., Talagrand, M. 1991. Probability in Banach Spaces. Berlin: Springer-Verlag.

Lehmann, E. L. 1966. Some concepts of dependence. Ann. Math. Statist., 37: 1137−1153.

Lenglart, E. 1977. Relation de domination entre deux processus. Ann. Inst. Henri Poincaré, 13: 171−179.

Li, W. V. 1999. A Gaussian correlation inequality and its applications to small ball probabilities. Elect. Comm. Probab., 4: 111−118.

Li, W. V., Shao, Q. M. 2001. Gaussian processes: inequalities, small ball probabilities and applications. Edited by Rao, C. R. and Shanbhag, D. In: Stochastic Processes: Theory and Methods. Handbook of Statistics. Amsterdam, Vol. 19: 533−597

Lin, Z. Y. 1987. On Csőrgö-Révész's increments of sums of non-i.i.d. random variables. Scientia Sinica, 30(A): 921−931.

Lin, Z. Y. 1991. On the increments of partial sums of a φ-mixing sequence. Probab.Theory Appl., 36: 344−354.

Lin, Z. Y. 1996. An invariance principle for positive dependent random variables. Chin. Ann. Math., 17(A): 487−494.

Lin, Z. Y., Lu, C. L. 1992. Strong Limit Theorems. Dordrecht: Kluwer Academic Publishers & Beijing: Science Press.

Lin, Z. Y., Lu, C. L. 1996. Limit Theory for Mixing Dependent Random Variables. Dordrecht: Kluwer Academic Publishers & Beijing: Science Press.

Lin, Z. Y., Lu, C. L. and Zhang, L. X. 2001. Path Properties of Gaussian Processes. Beijing: Science Press & Hangzhou: Zhejiang Univ. Press.

Loéve, M. 1977. Probability Theory. 4th ed. New York: Springer-Verlag.

Matula, M. 1992. A note on the almot sure convergence of sums of negatively dependent random variables. Statist. & Probab. Lett., 15: 209−213.

McCabe, B. J., Shepp, L. A. 1970. On the supremum of S_n/n. Ann. Math. Statist., 41: 2166−2168.

Mogulskii, A. A. 1980. On the law of the iterated logarithm in Chung's form for functional spaces. Theor. Probab. Appl., 24: 405−413.

Newman, C. M. 1984. Asymptotic independence and limit theorems for positively and negatively dependent random variables. Tong, Y. L. ed. In: Inequalities in Statistics and Probability, 127−140.

Newman, C. M., Wright, A. L. 1981. An invariance principle for certain dependent sequences. Ann. Probab., 9: 671−675.

Peligrad, M. 1985. An invariance principle for φ-mixing sequences. Ann. Probab., 13: 1304−1313.

Peligrad, M. 1987. On the central limit theorem for ρ-mixing sequences of random variables. Ann. Probab., 15: 1387−1394.

Petrov, V. V. 1995. Limit Theorems of Probability Theory: Sequences of Independent Random Variables. Oxford: Clarendon Press & New York: Oxford University Press.

Pickands, J. III. 1969a. Upcrossing probabilities for stationary Gaussian processes. Trans. Amer. Math. Soc., 145: 51−73.

Pickands, J. III. 1969b. Asymptotic probabilities of the maximum in a stationary Gaussian processes. Trans. Amer. Math. Soc., 145: 75−86.

Pruss, A. R. 1997. A two-sided estimate in the Hsu-Robbins-Erdös law of large numbers. Stoch. Proc. Appl., 70: 173−180.

Qualls, C., Watanable H. 1972. Asymptotic properties of Gaussian processes. Ann. Math. Statist., 43: 580−596.

Rosenthal, H. P. 1970. On the subspaces of L^p $(p > 2)$ spanned by sequences of independent random variables. Israel J. Math., 8: 273−303.

Serfling, R. J. 1970a. Moment inequalities for the maximum cumulative sum. Ann. Math. Statist., 41: 1227−1234.

Serfling, R. J. 1970b. Convergence properties of S_n under moment restrictions. Ann. Math. Statist., 41: 1235−1248.

Shao, Q. M. 1992. How small are the increments of partial sums of independent random variables. Scientia Sinica, 35(A): 675−689.

Shao, Q. M. 1995. Maximal inequality for partial sums of ρ−mixing sequences. Ann. Probab., 23: 948−965.

Shao, Q. M. 1996. Bounds and estimators of a basic constant in extreme value theory of Gaussian processes. Statist. Sinica, 6: 245−257.

Shao, Q. M. 2000. A comparison theorem on moment inequalities between negative associated and independent random variables. J. Theor. Probab., 13: 343−356.

Shao, Q. M. 2003. A Gaussian correlation inequality and its applications to the existence of small ball constant. Stoch. Proc. Appl., 107: 269−287.

Shao, Q. M., Lu, C. R. 1987. Strong approximations for partial sums of weakly dependent random variables. Scientia Sinica, 30: 575−587.

Shorack, G. R. 1982. Inequalities for the Poisson bridge. Bull. Inst. Math. Statist., 11: 193.

Shorack, G. R., Wellner, J. A. 1986. Empirical Processes with Applications to Statistics. New York: Wiley.

Šidák, Z. 1968. On multivariate normal probabilities of rectangales: their dependence on correlation. Ann. Math. Statist., 39: 1425−1434.

Siegmund, D. 1969. On moments of the maximum of normed partial sums. Ann. Math. Statist., 40: 527−531.

Slepian, D. 1962. The one-side barrier problem for Gaussian noise. Bell System Tech. J., 41: 463−501.

Su, C., Zhao, L. C., Wang, Y. B. 1997. Moment inequalities and weak convergence for NA sequence. Science in China, 40(A): 347−355.

Teicher, H. 1971. Completion of a dominated ergodic theorem. Ann. Math. Statist., 42: 2156−2158.

Tong, Y. L. 1980. Probability Inequalities in Multivariate Distributions. New York: Academic Press.

Tong, Y. L. (ed.) (1984). 1982. Inequalities in Statistics and Probability: Proceedings of the Symposium on Inequalities in Statistics and Probability. Lincoln.IMS.

Tao, B., Cheng, P. 1981. An inequality of moments. Chin. Ann. Math., 2: 451−461. (in Chinese)

von Bahr, B. 1965. On the convergence in the central limit theorem. Ann. Math. Statist., 36: 808−818.

von Bahr, B., Esseen, C. G. 1965. Inequalities for the rth absolute moment of a sum of random variables, $1 \leqslant r \leqslant 2$. Ann. Math. Statist., 36: 299−303.

Zhang, L. X. 2000. A functional central limit theorem for asymptotically negatively dependent random variables. Acta. Math. Hungar., 86: 237−259.